聽見老樹的呼救

詹鳳春

來自東大教授的祝福

詹鳳春 様

お元気にご活躍のことと思います。
此の度は、樹木医療の最前線とも
言うべき著書を出版され、お目出度う
ございます。

台湾唯一の女性樹木医であるあなたが
台湾における巨樹・巨木の保全を
とりまとめた素敵な著作です。
ご苦労が絶えなかったことと思いますが
知の世紀といわれる21世紀の課題に
果敢に取り組み、持ち前の頑張りを
大いに発揮されました。心から
お慶び申し上げます。

今後の益々のご発展をお祈りします。

2025年7月

鈴木和夫
東京大学名誉教授

◎鈴木和夫（東京大學名譽教授）

詹鳳春　女士

想必您一切安好，工作順利。

得知您出版了一本可謂代表樹木醫療最前線的著作，實在令人欽佩，謹此致上誠摯的祝賀。身為台灣唯一的女性樹木醫，您將自己多年來在台灣推動樹木與巨樹保全的經驗彙整成書，成就了這部極具價值的作品。

我相信，這當中必定凝聚了您無數的心血與努力。在這個被稱為「知識的世紀」的二十一世紀，您投身於這項重要的課題，長期耕耘、堅持不懈，展現了非凡的精神與成果，令人深深感動。

謹以此信獻上我由衷的敬意，並致上最溫暖的祝福。

敬祝您今後持續活躍、成就更豐。

鈴木和夫

二〇二五年七月

推薦序 學習大自然的語言

◎蔡惠卿（SWAN培訓講師、中華民國自然生態保育協會前祕書長）

二〇二三年，鳳春老師在阿里山國家森林遊樂區已經連續救治三年的櫻花樹，不僅醫治日益衰老的櫻王、櫻后，園區內一直無解的染井吉野櫻簇葉病問題，經過二年多的修剪整治獲得改善，生機重現，花況可期；依鳳春老師的行事作風，不會只管染井吉野櫻，她的團隊同時也將全區內力所能及的櫻花樹，進行一次調查列編，如今她可說是阿里山最清楚櫻花樹的人了。

師者傳道、授業、解惑；除了救治樹木，鳳春老師更希望多一點人了解樹木，才能進一步的愛護它，因此救治櫻花外，她想要培訓一批隨時可以守護櫻花的人。當鳳春老師向我表達這個第三年的計畫工作時，我心生敬佩她的無私與未雨綢繆，並立即應允願意協助這一年三梯次的培訓課程。原因有二，一是當我陪著團隊園區修剪整理時，發現櫻花樹很多，懂的人很少，能動手維護的更少，要櫻花年年盛開，需要隨時觀察維護，那就需要人力；二是當團隊在進行工作時，當地居民、工作站的人、其他的計畫工作者或觀光客，都非常關心和好奇，這是好現象，表示大家都很關心櫻花的狀況。這兩大因素下，我們操作一批守護櫻花的種子人員，是有機會成功的。

人有親自然的天性，雖然現代的生活都市化較多，但是一得空還是會往大自然跑，不管是山是海，是近郊是遠山，踏踏溪水、賞花看樹，眼耳鼻身意又被充飽電似的。對自然文學作家亨利．梭羅而言，這就是學習田野的語言、學習森林的語言；動物溝通師可以和動物對話，鳳春老師聽得到樹木向她傳達的心聲，亨利．梭羅說，只要奉上足夠的時間，理解它的文法要領，學習它的句法節奏，我們就能學得森林的語言。對阿里山居民而言，當地的櫻花是獨特的，從小陪伴長大的染井吉野櫻，他們懂得。年年花開花落，無憂的童年，詩樣的青春年少，到現在的半百歲月，生活的縮影在染井吉野櫻面前就像一季的花開花落，剎那的繁華復歸一樹濃綠。所以，讓他們來當第一批守護櫻花的人，再合適不過了，因為每一個人都有他和櫻花的故事，那是願意為櫻花付出的動力之一。

一開始報名參加培訓的學員，以為是一般的聽課學程，他們有些人又同時報了其他的活動，以為缺課一兩堂，沒什麼關係，殊不知在設計培訓課程時是每堂課都環環相扣的，室內課程從第一梯的第一天到第三梯的最後一天，都有其前後順序和用意；至於實際的戶外操作課程，更是鳳春老師團隊手把手地親授，錯過任何一堂課都會是大損失，且對於全程上課的學員，如果最後大家都一樣拿到櫻花守護徽章和證書，是不公平的；因此上課的第一道門檻就是全程上課。對於這一群平均年紀屬壯世代的學員而言，是嚴格的要求之一。但是，他們的學習精神是可嘉的，儘管家裡或店裡還有需要照料的事，但是他們每天早上依舊準時到教室，聽課、分組操作、提問，對許久沒拿筆寫、畫的他們，過程裡還是充滿學習的挑戰和歡樂。

結訓時，經過上課、筆試和現場考核，只有七位獲得櫻花徽章，也就是櫻花維護的小護士資格。在受贈徽章的宣示誓言中有一段話是：

現在
由我們來守護關照櫻花的一切
一定要讓櫻花永遠綻放在阿里山
因為　我們是維護櫻花樹木的小護士

這一段話，不只是拿徽章的學員的承諾，更是這一班全部學員對阿里山櫻花的責任，因為在一堂分組課程中，他們票選出自己對櫻花維護的slogan是：「守護阿里山櫻花，讓我們來！」學習的凝聚力，在slogan出來時達到最高潮，因為他們從此對櫻花有了明確的目標和方向，在授證書和徽章時，甜蜜的責任，盈滿他們的心裡，臉上顯現被託付的光彩。那當下，依十多年操作培訓課程的經驗，我知道這一班的培訓是成功的，是可以被期待的。

我最喜歡亨利・梭羅在《種子的信仰》書中的一句話：「人要豐富與強韌，一定要在自己的土地上。」而維護腳下的這一塊地，是我們每一個人的責任，「plus one, plus you」，盡一己之力；相信守護台灣的樹，不再只是鳳春老師對日本東京大學教授的承諾，也可以是我們每一個人的責任，因為我們要在這一塊土地上，和樹一樣的代代相傳、永遠豐富與強韌。

自序——將「愛樹」化為守護的力量

台灣的樹木救治之路，源自我對東京大學鈴木教授所立下的承諾。

當年恩師給予我寶貴的學習機會，也提出了三項期許：第一，考取樹木醫執照；第二，將所學知識傳回台灣；第三，回到家鄉守護我們的樹木。這三個條件，不僅是學習的方向，更成為我至今謹記在心的使命。面對恩師的教誨，我一直思索該如何回報。或許，唯有實踐這份承諾，才是我能給予他最深的感謝。

多年來，無論是在大學的教學現場，或奔走於各地的樹木救治第一線，我始終懷抱著一份信念——希望能讓更多人理解並重視樹木的價值與需求。在長期的實務經驗中，我深刻體會到，台灣在樹木醫療與保護方面的知識仍有諸多不足，而這個缺口，也正是我提筆撰寫這本書的初衷。

這些年來，我走遍台灣各地，救治過無數樹木。在這些歷程中，我不僅看見許多共通的問題，也感受到民眾對老樹深厚的情感。令人欣慰的是，社會對樹木的關注正逐漸提升。越來越多的人開始留意身邊的老樹，意識到它們不僅是風景的一部分，更是這片土地不可或缺的記憶與溫度。當年，我遠赴日本考取樹木醫執照，承載著師長們的期待，也背負著一份對樹木的承諾，回到台灣投入救治工作。一路走來，我見過無數垂危的樹，也曾深感無力、挫敗，甚至動搖過是否該繼續這條路。然而，每當閉上眼，腦海中浮現的，是那些在風雨中堅守崗位的老樹，那些默默承受破壞與忽略，卻依然努力生長的生命。我放不下，也不願放棄。因為我深知，每一棵被救回的樹，不僅延續了一段自然的呼吸，更是一場與土地的深層對話。

我希望透過記錄一棵棵老樹的救治歷程，不僅呈現它們如何被保留下來的過程，更想描繪人與樹之間，那些看似無聲卻深刻動人的情感連結。每一次的救治，既是技術的挑戰，更是一場場關於理解、選擇與陪伴的生命對話。在這些過程中，我也時常看見常見的錯誤觀念與對樹木的誤解——這些錯誤，有時來自於資訊不足，有時則源自於出於善意卻錯誤的判斷。我希望藉由實際案例，引導大家反思我們對待樹木的方式，從中學習基本而正確的照護觀念，讓「愛樹」不只是情感的表達，更能轉化為真正守護的力量。

願這些樹的故事，讓你感受到那份來自自然的力量；也願這份緣意，能在你心中悄然生根、靜靜發芽。

詹鳳春

二〇二五年五月十五日

目次

1 台灣最高齡染井吉野櫻救治

阿里山染井吉野櫻的初次見面

二〇一九年夏天，甫完成台大梅峰農場牡丹櫻的救治工作後，接獲嘉義林區管理處承辦人來電，表達希望我能協助前往阿里山，勘查當地一批櫻花群的健康狀況。由於我從未造訪過阿里山，遂邀請友人同行，並與承辦約定於嘉義市區會合後共赴山區。

自市區出發前往阿里山的路程遙遠，駕車至少需時一至兩小時。當日正值酷暑中午，不久車輛竟突發故障、無法行駛。眾人焦急萬分，緊急聯繫維修業者，盼能盡速排除問題、繼續行程。然而多番嘗試後仍無法修復，只得放棄原車輛計畫。我向承辦表示：「看來今天恐怕難以上山了。」但出乎意料的是，承辦毫不氣餒，堅定地說：「老師，沒關係，我來租輛小車，雖然技術不是很好，就算趕到時太陽快下山，也要把您送到櫻花樹前。」我膽顫心驚地看著這位承辦小心翼翼開著不熟練的車，心想著「妳真是有決心啊！」這般的堅持與行動力令人動容。

在奔赴阿里山途中，承辦提及不久前曾參訪台大梅峰農場，親眼見到一株已恢復生機的牡丹櫻，為之震撼，遂追問導覽員得知該樹為我所救治，於是設法聯絡上我。她語帶懇切地說：「這些櫻花病了很多年，我真的希望有人能救治它們。老師，您就是我們的希望。」接近日落時分，我們終於抵達阿里山森林遊樂區。空氣中瀰漫著高山暮色的清涼，雖天色已昏暗，仍可隱約望見櫻花樹群的身影。當我走近這些樹木，眼前所見讓人震撼不已——櫻花樹姿態凌亂、樹型全然失控，與人們熟悉的櫻花形象大相逕庭。我不禁問道：「這些樹生病多年，期間都未曾接受治療嗎？為何可以擴散蔓延至全樹體……」簇葉病是染井吉野櫻常見的病害，這是一種常發生於高濕、霧氣環境中的真菌病害。阿里山常年濕霧，提供病原孳生的理想條件。如今部分樹木病害已擴散至樹體五成，甚至有的高達八成，情況相當緊急。在日本，若一旦發現樹冠出現簇葉病枝條，便會立即剪除以防擴散；而阿里山的這批櫻花，病害程度之嚴重，恐怕已堪列極端案例。站在這些沉默不語的櫻花樹前，我深感責任沉重，心中也燃起一絲不忍與使命。

看著承辦人把握著每一分每一秒，只為讓我親眼見到這群櫻花樹的真實處境。即使天色漸暗，他依然懇切地希望我能為每一棵櫻花「看診」。那份急切的心情，如同父母面對病重孩子般無助又執著，讓人感動。當我逐一走近這些櫻花樹，眼前所見宛如身處一場樹木的地獄——每一株都是沉默的重症患者，每一棵都讓人心痛得說不出話來。它們不再有我們熟悉的輕盈花姿，而是病葉纏身、形貌扭曲，靜靜地等待救援，甚至，等待命運的裁決。

下山的路上，我努力沉澱思緒，但腦海仍被這些苦痛的櫻花身影緊緊牽繫。我很清楚，櫻花樹一旦罹患「簇葉病」，便陷入一場幾乎無法逆轉的浩劫。這種病害的可怕，在於

染上簇葉病的樹木，病害擴及樹體五至八成，情況相當危急。

它會迅速擴散於同種之間，彼此交叉感染；而一旦進入重症階段，樹體往往會直接枯死。而最令人束手無策的，是這種病害至今仍無藥劑可治，對醫樹者而言，是最棘手的敵人。

日本早在百年前便發現，染井吉野櫻比其他品種更易罹患簇葉病。或許，這也與它特殊的身世有關——由嫁接而生的「絕世美女」，自帶脆弱與缺陷。阿里山的染井吉野櫻，正是日治時期自日本引進，歷經數十年的試種與馴化，才終於適應高山冷濕的氣候。不得不佩服，原本誕生於東京的櫻花品種，竟在異地生根發芽，綻放成為阿里山獨有的風景，也成就了這片山林春日裡最詩意的畫面。

染井吉野櫻救治的糾葛

阿里山的染井吉野櫻，如今正面臨前所未有的生存危機。然而，它們不僅是高山間的一抹春色，更是這片土地——我們全台灣人共同擁有的重要自然資產。

自阿里山勘查返家後，腦海中總是反覆浮現承辦人說過的那句話：「這些櫻花病了很多年，我真的希望有人能救治它們。老師，您就是我們的希望。」這句話像是一種召喚，也勾起我多年前在東京大學向指導教授許下的承諾——回到家鄉，為台灣的樹木盡一份心力。

其實，早在二〇一〇年，日本《樹木醫會期刊》中便有篇針對阿里山櫻花病害的大幅報導。當時記錄了台日友好交流的實例，許多日本樹木醫與台灣學者攜手踏查阿里山，並現場指導，提供寶貴建議。讀到這篇文章時，我心中既感動又欣慰——感動於跨國界的專業關懷，欣慰台灣在樹木醫療領域並非孤軍奮戰，甚至還暗自期盼，或許我們已有足夠力量應對這些挑戰。

台湾掲載新聞テレビのタイトル名

1．中国タイムズ（China Times）
阿里山櫻救出　日本樹木医ボランティア診断
2．聯合新聞（udn）
阿里山櫻病気　10年で滅亡と日本樹木医が心配
3．自由タイムズ
日本樹木医が回診、阿里山桜を救出
4．華視テレビ（CTS）
阿里山櫻救出、日本樹木医海を超えボランティアで診断

台湾の報道：中国タイムズ・聯合新聞・自由タイムズ

日本期刊對台灣阿里山櫻花病害的大幅報導。擷取出處：台湾・阿里山の桜を診断・治療 日本統治時代を継承する文化と観光資源の桜を守れ台湾からの要請で日本の樹木医がボランティアで往診。

那時，我剛從日本歸國，懷著一腔熱情，便全心投入都市工學與植栽環境設計的教學與實務工作。對我而言，台灣已有許多優秀的專家老師在第一線守護樹木健康，他們的經驗與專業遠勝於我。於是我理所當然地認為，只要我專注於自己的專業領域——為都市營造更宜居的綠色空間，就已經足夠了。坦白說，在那個階段的我心中，「救樹」這件事似乎離自己很遠，甚至覺得那應該是別人的責任。我從未想過，這樣的使命竟會在某一天，悄悄走進我的人生，並深深扎根於心。

不久後，承辦人再次聯絡我，語氣急切：「老師，您能不能盡快安排救治工作？」那時正值我擔任台北市信義區「陶朱隱園」植栽顧問一職，正處於綠化設計最繁忙、最關鍵的階段。經過多日反覆思量，我最終向陶朱隱園提出辭去顧問職務的決定。但面對公司的慰留，我親自與中華工程沈主席會談。陶朱隱園的綠化，堪稱是當時台灣綠建築領域的一大挑戰，而沈主席對此寄予厚望。我誠懇地向他表示：「阿里山的櫻花，不只是幾棵生病的樹，而是一整座山的林木危機。這是一場長期而艱鉅的任務，若不能專注投入，恐怕難以真正挽救。」我請求主席的理解與成全。沈主席沉思片刻，然後點頭表示：「我尊重你的選擇。只希望，若未來陶朱隱園仍有需要，你願意回來協助。」我感激萬分地答應，保證若有需要，必定回來盡一份力。就這樣，在陶朱隱園顧問職務暫告一段落後，我便毅然決然啟程，前往阿里山，展開這場與染井吉野櫻並肩作戰的救治行動。

這不僅是一場技術上的挑戰，更是一份對土地、對承諾、對生命的深切回應。

阿里山染井吉野櫻的苦境

染井吉野櫻（Somei-yoshino），是最具代表性的櫻花品種之一，更可說是日本「櫻花」的象徵與代名詞。它的誕生可追溯至十九世紀中期的江戶時代末期，起源於東京北部的染井村（今東京都豐島區駒込一帶）。當時，當地園藝師以精湛技術將大島櫻（Prunus speciosa）與江戶彼岸櫻（Prunus pendula f. ascendens）雜交，培育出這個全新品種，並以誕生地「染井」與奈良著名賞櫻勝地「吉野山」為名，命名為「染井吉野」。染井吉野櫻全數採人工嫁接繁殖，因而基因相同，開花期整齊一致，花色淡雅如雪，姿態柔美而有「絕世美女」之美譽。

然而，染井吉野櫻普遍被視為壽命較短的樹種。雖然關於其「短命」的說法眾說紛紜，但從植栽學與嫁接技術的角度來看，確實**由嫁接而成的樹木相較於實生樹，更容易罹病與衰弱**。加之染井吉野櫻多種植於都市街道、公園與人為設計的環境中，長期受限於土壤條件與生長空間，其生理壓力遠高於自然環境下的樹種，也使得它給人「不耐久」的印象。儘管如此，染井吉野櫻仍展現出堅韌的生命力與令人驚豔的美感。在東京，目前最年長的染井吉野櫻位於小石川植物園內，樹齡已接近一百六十年，依然枝葉扶疏、年年綻放，為這個品種的潛在壽命提供了珍貴的例證。

所謂「櫻花簇葉病（witches' broom）」是一種會導致**樹木枝條異常叢生**的病害，在櫻花（特別是染井吉野櫻）上時有發生。這種病害據說自古以來就在日本廣泛分布，做為樹病首次被研究是在一八九五年左右。病害主要表現在枝條頂端長出大量細小枝條，彷彿一把掃帚，因而得名「簇葉病」或「掃帚病」。這種病害的成因多為空氣中高濕、霧氣多的環境所致，並可能透過某些刺吸性昆蟲（編按：以細長口器插入植物體內吸汁的昆蟲）傳播帶有病原體的菌類。更棘手的是，目前並沒有特效藥劑可用來治療簇葉病，一旦發現感染，只

簇葉病讓病木長出大量細小枝條，狀似掃帚，故也稱「掃帚病」。

能仰賴人工剪除病枝的方式控制病勢。若病情嚴重，甚至會導致整株櫻花枯死，且有擴散感染其他健康樹木的風險。因此，早期發現就顯得格外重要。像阿里山這樣潮濕多霧的高山地區，正是簇葉病容易發生的環境，也讓當地櫻花樹群面臨極大的生存挑戰。

阿里山的染井吉野櫻，正面臨一場前所未有的生存危機。除了普遍感染簇葉病，許多樹木已是重症狀態，加上阿里山氣候潮濕、霧氣終年不散，導致樹幹普遍出現腐爛、支撐力不足，甚至枝幹斷裂等嚴重結構性問題。而這些高齡老樹，隨著年歲增長，生理機能逐漸衰弱，部分更已接近枯死邊緣。令人惋惜的是，過去長年未妥善管理與修剪，這些重症櫻花樹在每年春季開花時，仍大量釋放病原孢子，隨霧氣飄散，無聲地擴散至尚健康的櫻花樹間，年復一年，疫情逐漸擴大，形成難以收拾的局面。諷刺的是，這些原應被珍視的老櫻花，反而成為最大病害散播源。然而，面對這些深具歷史與文化價值的老櫻花樹，是否該貿然進行高成本、低存活率的救治？抑或選擇理性思維下的保留與汰換？這是一道艱難的選擇題。如何在尊重自然生命的前提下，以「共生」為核心，保留具指標意義的自然資產，同時避免對周邊造成二次傷害是重要課題，也是阿里山櫻花永續之路上，最嚴峻的一場考驗。

救治與長期抗戰的決心

當我帶著學生與助理踏入阿里山，正式展開對櫻花樹群的盤查與病害評估時，恰巧遇見當地的園藝工作者。當時，我們正仔細觀察每株枝葉病徵，身旁一位大叔見狀，誤以為我們只是學校單位前來做環境調查，便毫不避諱地自顧自說了起來：

「我們阿里山的櫻花樹生病，不是什麼新聞，大家都知道了。這些年來來去去，不少自稱是專家、學者的，一個比一個會說，說什麼病不重、噴藥就好，可實際呢？越來越嚴重，有變好過嗎？」他頓了

阿里山的病重狀況吉野櫻讓當地人充滿無奈與嘆息。

頓，又續道：「你們知道嗎？最近好像又來了一位女老師，還聽說是醫生咧，說是要來救我們的櫻花。我跟你們說啦，過去那些號稱要來救樹的，不是退縮就是走人，到最後全都無功而返。我看這次，大概也是一樣的結局。」聽著這些話，我沒有出聲，也沒有表明身分。只是靜靜地站在一旁，聽著他帶著歷練與失望的語氣娓娓道來。助理一旁趕緊以禮貌回應，想緩和氣氛，而我仍不發一語。不是因為心虛，而是明白此刻的沉默，是考驗救治的決心。我能理解這些話背後的無力與倦怠，畢竟這些年來，阿里山櫻花樹的病情年年加重，眼見滿山春色逐漸凋零，換來的卻是一波又一波失望。或許在他們眼裡，來的許多頭銜，只不過是另一場「表演」。但我知道，這一次不同。即便前路未知、風雨重重，我也無法否認內心那股深深的牽掛與責任。我不是來說服誰，也不是來證明什麼，而是單純地想，盡我所能，把這些櫻花樹拉回健康的樹體。

染井吉野櫻救治現狀

近年來，嘉義林管處積極於阿里山森林遊樂區內廣植櫻花。所種植的櫻花品種多樣，除最為人熟知的染井吉野櫻外，尚有八重櫻、唐實櫻、霧社櫻、阿龜櫻、高砂櫻等，交織成多樣的櫻花景觀。然而，無論品種多樣，園區內仍以染井吉野櫻為主角，做為春季最受矚目的焦點。

　　不可諱言，阿里山的特殊氣候條件對染井吉野櫻的生長產生深遠影響。高山地區長年濕冷、多霧，使簇葉病的擴散風險大幅增加，濕度也加速了樹幹的腐朽。同時，潮濕環境亦促使地衣大量附著於樹幹表面，進一步阻礙樹木的呼吸與光合作用，導致整體樹勢逐年衰弱。另一方面，歷經百年開發與建設，許多櫻花所植環境原非自然沃土，而是夾雜著建築廢棄物、磚瓦殘塊等人為

阿里山森林遊樂區內的櫻花群植。

櫻花所植的土壤夾雜水泥廢棄物。

填埋的土壤，基盤條件貧瘠且透氣排水不良，使樹木在成長初期便面臨根系難以伸展的限制，長期更形成巨大的生長壓力。總括來說，無論是氣候上的濕霧、病原壓力，或是土地資源的開發與衝擊，環境因素皆深刻影響著染井吉野櫻的健康與存續。

在阿里山森林遊樂區內，染井吉野櫻占據了櫻花總數的絕大多數，總計約有兩千多株，成為園區春季花海最為壯觀的一景。其中，擁有百年以上樹齡的櫻花堪稱珍稀，僅存兩株：

阿里山兩株百年以上的染井吉野櫻。上圖位於阿里山賓館前，樹齡約一百二十年；下圖位於高山氣象站，樹齡約一百年。

一株矗立於阿里山賓館前，已有約一百二十年歷史，是園區內最年長的染井吉野櫻；另一株則位於阿里山高山氣象站，樹齡約為一百年，同樣歷經歲月洗禮，見證阿里山櫻花文化的發展。此外，分布於阿里山工作站前、綻放姿態雄偉的「櫻花王」，推估樹齡約六十至七十年；而阿里山派出所前的三株老櫻樹，亦栽植約八十年前後，花開時節總吸引無數旅人佇足拍照。祝山地區則零星分布著五至六株近七十年的櫻花老樹，為清晨觀日後的一抹柔美風景。園區內其他超過六十年以上樹齡的老櫻樹則散落分布於不同角落，靜靜守護著這座山林的

尚未救治前的「櫻花王」。

記憶。另一方面，為延續櫻花景觀與保育基因，嘉義林管處近年亦積極補植染井吉野櫻幼苗，尤其集中於沼平公園一帶，已栽植近兩百株。

一般而言，超過六十年以上樹齡的老櫻花樹，其生長本就緩慢，若處於如阿里山這般高海拔、多霧潮濕的環境，更加劇了生長的挑戰。阿里山的老櫻花樹群普遍面臨的最大威脅，便是嚴重感染簇葉病與樹幹潰爛等病害。然而，這些病害之所以會逐漸惡化、進展為無法挽回的重症，背後其實有三項關鍵原因。首先，是環境因素的惡化加速了病害的擴散。阿里山長年雲霧繚繞、濕度極高，為病菌提供了理想的繁殖溫床，使感染從單棵蔓延至整片林區。其次，長期缺乏對病徵的正確認知與判斷。實務上，常見的誤判是將樹上僅存的健康葉片誤認為病葉而全數剪除，導致整

嚴重簇葉病造成櫻花樹子實體潰爛。

株僅剩病葉，加速樹勢衰退。第三，也是最嚴重的問題，是當重症櫻花樹已無法救治，卻未及時伐除，任其與其他健康樹種群聚。這些重症老樹逐漸演變為最大的病原散播源，每年春季持續釋放病原孢子，使周邊健康櫻花樹也難以倖免。確實，選擇將染井吉野櫻種植於高濕多霧的山區，本就潛藏風險。但**真正導致災難性後果的，往往不是環境本身，而是對病害缺乏科學管理與正確應對**。

另一方面，除了病害本身，許多老櫻樹的枝幹上覆蓋著一層層青灰色的地衣，這也常引發疑問：地衣是否會讓樹枯死？事實上，地衣是一種獨立營養生物，不會像真菌那樣從樹體中吸取營養。它們多半附生在樹木衰弱或老化的枝幹上，因此，地衣的出現常被視為樹木衰退的一項指標。儘管地衣本身不會直接致病，但其所分泌的化學物質具有抑菌和抑制植物生長的作用，在某些枝條細小的植物如杜鵑等身上，確實可能造成枝枯現象。此外，地衣遮蔽光線、妨礙氣體交換，也可能進一步加劇樹木的衰弱感。

綜上所述，阿里山染井吉野櫻面對的是一個錯綜複雜的健康危機，不僅來自病害本身，更有**氣候環境**、**土壤品質與人為管理**等多重因素交織。

簇葉病至今無有效藥劑防治

當我們談論樹木的生命力時，葉子的角色無可忽視。葉子是執行光合作用的主要器官，負責將陽光與空氣中的二氧化碳轉化為植物賴以維生的能量。然而，當櫻花樹感染簇葉病時，病枝上的葉子與健康葉相比，常出現水分不足的狀況。這不僅使氣孔開閉功能受阻，連帶影響蒸散速率變得遲緩。所謂蒸散作用是植物經由葉片上的氣孔釋放水分的過程。正常情況下，植物會依據水分需求調節氣孔的開合程度，以維持體內水分平衡。然而，在病枝上，葉子因水分供應不足，為了防止更多水分流失，氣孔便傾向閉合，進一步減弱蒸散功能。更值得注意的是，氣孔閉合也直接影響光合作用的進行。光合作用仰賴氣孔吸收二氧化碳，若氣孔長期未能張開，葉片中可用的二氧化碳含量就會降低，導致光合作用效率明顯下降。這種情形在病枝葉片上尤其明顯，葉子的生理功能衰退遠高於健康枝條上的葉子。總結來說，櫻花簇葉病不僅造成病枝葉片水分不足，還導致氣孔功能失調，使得蒸散與光合作用無法順利運作，最終導致整株樹勢逐漸衰弱，失去原有的生命活力。這也凸顯了葉片健康對整體樹木生存的重要性。

櫻花樹罹患簇葉病時，首要之務便是**擬定一套周全而細緻的修剪計畫**。由於此病在春季進入感染高峰期，如何有效減輕病原的擴散壓力，成為防治的核心策略。然而，櫻花樹不同於其他樹種，其本身對粗枝與大面積修剪的耐受度相對較低。過多或強剪容易產生大量傷口，反而成為病菌入侵的途徑。因此，修剪的方式必須謹慎而講究，從季節選擇、修剪時機、手法、修剪量乃至強度，皆需充分考量櫻花樹的生理節奏。櫻花屬於落葉樹種，**每年入冬前進入休眠期，此時為適度修剪、清除感染枝條的良機**。待春季花開之際，若未及時處理病枝，病原孢子將迅速隨風傳播，進一步擴大感染範圍。因此，於花後儘早進行整理修剪，對於減少感染源至關重要。進入夏季後，櫻花開始進行花芽分化的生理活動，此時若進行過度修剪，將嚴重影響翌年花況。故夏季僅宜進行輕度修整，避免干擾樹勢。到了秋冬，隨著樹木逐漸進入休眠，可逐步進行次第性修剪，以降低病葉比率與感染壓力。整體而言，簇葉病的防治並非一蹴可幾，乃是一場需持續觀察與耐心經營的長期作戰。當前尚無適用且有效的藥劑可供防治，物理性的修剪手法仍為主要而

入冬前的修眠期是病葉修剪良機。

穩妥的處理方式。唯有順應樹木的生命節奏，以循序漸進、尊重自然的態度介入，方能在保護櫻花健康與維持其觀賞價值間取得平衡。

阿里山櫻花樹簇葉病的修剪與防治，是一場持續超過三年的長期戰役。僅僅為了挽救一棵染病嚴重的高齡老樹，平均每年需進行多達十次以上的修剪作業，且每次修剪僅能控制在樹冠總量的十分之一左右。這樣的限制並非形式，而是出於對樹體生理的深度理解與尊重——櫻花樹並不耐粗重修剪，否則將導致更多生理損傷與感染風險。在進行粗枝修剪時，更須謹慎配合使用**殺菌癒合劑**，以避免傷口成為病菌再次入侵的破口。然而，相較於修剪技術本身，真正的難題往往在於病枝的識別與判斷。春天是病徵最明顯的時期，典型的病枝猶如鳥巢般錯綜的細枝集結，脆弱易斷，缺乏韌性。其枝色略帶金黃，與健康枝條的淺綠形成明顯對比。進入夏季前，更可從病葉觀察出徵兆，如葉片縮小、乾枯、捲曲等異常變化。

現場觀察中常可見整株幼苗染病的情況。此時若一次性將所有病葉全部剪除，櫻花樹反而可能因無法支撐基本的生理需求而枯死。因此，修剪的頻率與範圍必須依據樹體當下的狀況靈活調整，像是一場與櫻花樹之間的對話與妥協，一進一退地取得平衡。唯有在這樣細膩而有耐心的互動中，防治效果才能逐步顯現。這不僅是一種技術，更是一場對生命的理解與守護。

百年染井吉野櫻的命運

我們常誤以為，高山地區的自然環境理應擁有良好的土壤條件。然而，令人意外的是，阿里山櫻花樹群的植栽土壤基盤卻普遍偏硬，下層多為礫石與廢棄磚塊所構成。櫻花樹的根系主要分布於地表下約四十公分內的淺層土壤，一旦土壤基盤不健全，不僅影響根系的發展，甚至常見根系腐爛、稀疏等現象。此外，阿里山氣候分明，雨季與乾季交替明顯，夏季午後常伴隨短時強降雨。大雨過後，部分地區易出現積水情況，這多半與土壤硬化與黏質土比例偏高有關，導致排水不良，加劇根部腐爛，進一步延伸至樹幹造成軀幹腐朽。再者，因應觀光開發，園區多處已設置人工鋪面與基礎設施，使得植栽環境的排水問題更加嚴峻。這些條件皆對櫻花樹的生長形成挑戰，也凸顯出栽植環境改善的重要性。

阿里山賓館建於西元一九一三年，由當時駐台日本人使用阿里山原產的檜木所興建，初名「阿里山林務俱樂部」。館前的櫻花樹亦於當年自日本引進種植，屬於珍貴的染井吉野櫻品種。除了這棵百年老櫻之外，周邊尚有三株樹齡近八十年的櫻花，同樣歷史悠久，意義非凡。自二〇一二年起，林務局將阿里山賓館以ＢＯＴ模式委託民間經營，櫻花樹也被納入營運團隊的保護項目。館前這棵染井吉野櫻，歷來被視為賓館門面的象徵，也是遊客賞櫻的焦點。然而，隨著樹齡增長，樹勢逐年衰弱，出現枯損現象，最終不得不尋求救治。

二〇一九年底，林務局啟動的染井吉野櫻救治計畫主要涵蓋遊樂區內的櫻花樹，卻未將賓館前的百年老櫻納入，理由是賓館經營已交由民間處理，因此老樹的照護並不在公部門計畫範圍內。隨著遊樂區櫻花逐一恢復、綻放如昔，賓館前的這棵老櫻卻益發顯得孤立無援，甚至成為疫情下最嚴重的病原中心。當地居民不禁質疑：「為什麼最老的櫻花樹卻不被搶救？」隨著其他櫻花樹的簇葉病被控制，這棵老樹成了最大的病菌溫床。雖然賓館方屢次參與櫻花保護相關講座，並強調該樹由外聘專業團隊負責噴藥與修剪，但實際成果始終未見起色，病情不僅未改善，反而惡化。

二〇二〇年九月，在輿論壓力下，嘉義林區管理處出面，邀集地方民眾與專家現場會勘，展開「百年櫻花樹搶救行動」。然而會勘結果令人震驚：這棵百年櫻花樹病況已達極限，簇葉病感染程度高達百分之九十八，幾乎遍布整株樹冠，成為前所未見的紀錄。更糟的是，其他三株老櫻亦已重症，樹幹嚴重腐爛斷裂，難以挽回。就在眾人錯愕之際，一位賓館資深員工語帶情緒地說：「我們是有請專家來救治，也有做修剪。詹老師，您質疑沒有修剪是不對的。實際上，他們是把剩下健康的枝葉剪掉了，反而留下了病枝。就是因為如此，才會變成現在這樣，全樹幾乎都是病葉。我從小看這些櫻花長大，我是有一點信心分辨的。但我要說，您來得太晚了，我們的櫻花真的撐不住了！」我看著眼前這棵百年老櫻，滿是病徵與頹勢，不禁感

「百年櫻花樹搶救行動」會勘現場。

進入簇葉病重症期的櫻花樹，僅剩零星正常花葉。

嘆：人為的無知與誤判，竟將這樣一棵歷史象徵推向瀕死邊緣。能否救回它，不只是專業的挑戰，更是承載著全民的情感與期待。

這是一場攸關百年櫻花樹生死存亡的會勘。當天，專家、委員與地方民眾齊聚一堂，面對眼前命懸一線的老樹，無不一致認為：無論情況多艱難，都必須全力搶救。在眾人共同決議下，最終確認的救治對象之一，正是一棵樹齡已達一百二十年的珍貴老櫻。相比之下，其周邊的幾株櫻樹，由於樹幹嚴重腐朽、斷裂，甚至覆滿子實體，已無回天之力，不得不黯然宣告放棄搶救。當我們逐棵確認、點名是否進入救治名單時，心中湧現的，不只是專業判斷的沉重，更是難以言喻的複雜情緒。那句在現場迴盪的話語——「您來得太晚了」——彷彿是一記警鐘，讓人深刻體會何謂錯失了最佳救治時機的痛惜與遺憾。

肩負文化與自然使命的救樹挑戰

當站在這棵超過百年歷史的櫻花樹前，內心不禁湧起深深的敬畏。令人難以置信的是，面對高山嚴峻的氣候環境，這棵櫻花樹竟能堅韌地適應並屹立百年，見證了阿里山的時代更迭與歷史變遷。然而，當真正決定投入搶救的那一刻，站在樹前，心中湧現一種難以言喻的感動——既是對它仍有一線生機的欣慰，也是在這片土地上，台灣竟還擁有如此珍貴自然資產的感動與驕傲。與此同時，救治工作的艱鉅卻也讓我倍感壓力。那份沉甸甸的責任，如同一塊巨石重重地壓在肩頭，使我深刻意識到，這不僅是場對一棵老樹的搶救，更是一項肩負著文化與自然使命的挑戰。

百年染井吉野櫻的救治工作，可分為兩大面向：樹體簇葉病的防治與根系的引導再生。在日本，當染井吉野櫻感染簇葉病時，即便僅是一小段枝條，也會立即移除，唯恐病害擴散導致整棵樹勢衰弱。更何況，眼前這棵櫻花樹的病枝病葉已高達九成，幾乎整株淪陷，令人難以置信它所承受的生理壓力之鉅。此外，部分樹幹因中空腐朽而灌注藥劑，卻導致內部積水發臭，情況堪憂。一般人對簇葉病的理解多停留在葉片受感染的表層現象，實際上，當病枝持續增加、病情惡化時，樹體便陷入慢性衰弱甚至枯死的風險。這些受感染的枝葉會造成植物激素異常，導致葉片縮小、變形等病徵。長期未處理的病枝，也會使粗幹出現腐朽與斷裂現象，進一步造成樹形日漸萎縮。當救治團隊正式進場，首先必須將腐敗的枝幹一併截除，再逐一修剪病枝。對一棵超過百歲的老櫻花樹而言，這無疑是一次生死存亡的嚴峻考驗。救治期間，遊客路過時看見被大幅修剪的枝幹，紛紛露出不捨神情。一位民眾動容地說：「我們每年都會來阿里山賞櫻，這棵老櫻花陪伴著我們家族的旅行記憶。第一次來的時候我還在念小學，現在都要退休了。它記錄著我的外公外婆、母親那一代，我們一同賞櫻的歲月。拜託你們，一定要救救它！」

身為日本的樹木醫，憑藉過往無數次櫻花樹救治的經驗，我深知——將所有枯損與病枝徹底切除，是前所未有的破格舉措。特別是對櫻花這類樹種而言，粗枝修剪所留下的巨大傷口，無疑會對樹體造成沉重的負擔與風險。在日本，流傳著一句諺語：「不修剪梅樹是笨蛋，修剪櫻花樹的也是笨蛋。」這句話並非表示櫻花樹完全不能修剪，而是在提醒我們，櫻花樹對修剪極為敏感，尤其過度強剪，極易影響其生長與壽命。然而，眼前這棵百年老櫻，病入膏肓，已經沒有退路。此刻，我所做的，不再是技術層面的抉擇，而是一場與命運的賭注——唯一能倚賴的，是對櫻花樹

救治期間清除所有病枝幹。

的深深信任。在進行修剪時，阿里山賓館的工作人員也一同協助，他們看著逐一落下的枝條，忍不住問我：「老師，您這樣全剪了，會不會太危險？真的不怕櫻花樹死掉嗎？這若是失敗了，對您的名聲會有多大的打擊，您真的不擔心嗎？」我聽完，只輕輕點了點頭，平靜地回應：「這是一場與生命的對決。如果我只擔心名譽掃地，那麼，我根本不會來參與救治。我的目標，不是追求掌聲與肯定，而是專注於樹木本身的狀態，能否讓它再一次活過來，才是我唯一在乎的。」經過縝密評估與反覆權衡，每一次修剪，都是在與樹體的承受力對話。這就像走在一條沒有回頭路的鋼索上，風一吹，就可能墜落；但如果不走這一遭，這棵老櫻花，就再也沒有春天了。

除了進行如同外科手術般的修剪治療，這棵百年老櫻花樹還必須接受一場更深層的「中醫式」調理。所謂的中醫療法，並非立竿見影的對症下藥，而是如同調養體質般，從根本著手、循序漸進。而這其中的核心，便是土壤的改善。與其說是給予肥料與農藥，不如說是先學會「共生」。我們往往誤以為，植物長不好是因為缺肥，於是拚命添加各種養分；但對這樣一棵歷經百年風霜的老樹來說，真正需要的，反而是一片能讓它安心呼吸、重新扎根的健康土壤。樹木的根並不像動物那樣能吞嚥或咀嚼，它們無聲地扎在地底，仰賴土壤中的微生物幫忙，將有機物轉化為它們可以吸收的養分。這是一場看不見的共生合作，是大自然中最溫柔而細膩的關係。然而，當過量的肥料與藥劑介入，這個平衡便被打破，原本活躍的微生物開始衰退，土壤也逐漸失去生命力。因此，真正的治療，是**讓土壤重新恢復活力，讓微生物得以滋長，讓根系能夠自由舒展，重新吸取生命所需**。百年老櫻不只是活在地面上的枝幹花葉，更深深扎根於腳下那片土地。只有當土壤恢復健康，根系才會再次生長。

令人難以置信的是，當我們開始開挖這棵百年老櫻樹的根系時，所見的景象竟遠比預期來得貧瘠。原本以為會見到錯綜繁複、扎根深廣的根網，實際上卻幾乎看不見表層的根系，留下的，只有老化纖弱、甚至已近腐朽邊緣的殘根。這過程彷彿是一場對生命的開腸剖析。每一次掘起的泥土，都像是揭開一頁歷史，根系的

埋藏於土壤之下的腐爛根系。

形態與狀況，默默訴說著這棵櫻花樹曾經經歷的歲月與掙扎。越往土層深處探尋，所見的根系就越發稀少。櫻花屬於水平淺根型的樹種，這樣的特性讓它對表層土壤依賴極深，而下層的扎根能力則相對薄弱。然而，更讓人心疼的是周圍的土質環境。這片土地原是未經調整的黏土層，早期種樹時，或許只是簡單地挖個坑、放進樹苗、覆上土，從未深思櫻花對土壤的需求。而經過百年風霜洗禮，底層充斥著石礫與廢棄磚瓦，根系被壓縮、被局限，無法自由延展，形成如今這般虛弱與單薄。那一刻，我站在開挖的根系旁，看著這些如同年邁老人枯骨般的根條，感受到一種深沉的無力。

開挖，對一棵百年老樹而言，無疑是一場深沉的考驗。它不僅是技術上的挑戰，更是對生命的試探。每一次深入，都是在樹木身上施加的一份壓力。稍有不慎，若誤切了根系，這份傷害便可能讓原本就脆弱的生命再度下滑、甚至無法挽回。因此，選擇「什麼時候」動手，變得格外重要。開挖作業通常會安排在樹體能量流動最為緩慢的季節——也就是樹木進入休眠期的時候。這就像是選擇在身體最平靜、最不受打擾的時刻進行手術，對它的干擾最小，也更有機會讓它安然度過。

百年染井吉野櫻復活

二〇二一年春天，百年櫻花樹奇蹟般地復活了！那一刻，我彷彿看見沉睡的生命再次甦醒。樹幹間悄然冒出的新芽，像是經歷漫長黑夜後，迫不及待迎向陽光的渴望；一點、一點綠意舒展，將過去那層病葉陰影一一剝去，換上嶄新的、飽含生機的健康葉片。這些嫩綠，不只是枝頭的復甦，更是整株樹體重新啟動的訊號。當枝葉再生、抬頭向陽，我知道，沉潛許久的根系也開始在土中蠢蠢欲動，循著光與水的方向，默默重建生命的根基。對我而言，這是一份無可取代的希望。一棵超過百歲的櫻花樹，能夠從近乎絕望的邊緣再次挺立，這不僅是樹的重生，更是對生命的韌性感受。然而，接下來的每個春天，都是它修復旅程中的重要里程碑。

自二〇二二年起，這棵百年櫻花樹，彷彿重返生命的起點，像一個剛出生的嬰兒般，從蹣跚學步到穩穩站立，一步步邁向康復的旅程。曾幾何時，那覆蓋整株樹冠的病枝葉高達九成，令人幾近絕望；如今，病枝已僅剩零星，健康的枝葉重新占據了枝頭。不僅枝葉強健，連葉片的大小與色澤也恢復往昔神采，讓人驚嘆百年老櫻竟有返老還童的氣象，像是歲月在這棵樹上緩緩倒轉。尤其近年來，花苞叢生、繁花盛開，每當春日一到，便吸引無數民眾佇足觀賞、拍照留影。這不只是自然的風景，更像是一段生命重生的奇蹟。

復活中的櫻花樹逐漸展葉。

二〇二四年春天盛開的枝葉。

櫻王的救治

除了賓館那棵百歲老櫻，阿里山的「櫻王」更是賞花人潮的目光焦點。它曾是森林遊樂園區的明星，春日一到，滿樹繁花如柔粉的華裳。然而，自二〇一五年起，櫻王的身影開始顯得疲憊，花開不再如往年燦爛，生命的氣息似乎也在悄然退場。根據歷年花季的影像紀錄，最初簇葉病僅侵蝕樹冠的三分之一，卻逐年蔓延至半數以上，健康的枝葉被病影吞噬，曾經潔淨的枝頭漸染沉重陰影。櫻王所在的廣場擁有絕佳的日照環境，陽光灑落時，花色會由淡粉轉為晶白，彷彿春雪飄落。但當簇葉病蔓延，病枝病葉如陰霾籠罩花朵，那潔白不再，取而代之的是一種混

簇葉病為櫻花王蒙上沉重陰影。

經過五年與病害角力，才逐漸盛開。

濁、黯淡。

相較於賓館前那棵歷經風霜的百年老櫻，櫻王顯得年輕而蓬勃，主幹仍堅實挺立，少了老化與腐朽的枝條。然而，它也並非全然無恙。多年來，簇葉病悄然纏繞著它的枝葉，尤其集中於樹冠之上，像是一層陰影籠罩，逐漸侵蝕主幹分枝，甚至造成整枝枯落的重傷。儘管櫻王的病症並不輕微，但因其是每年春日萬眾矚目的焦點，動輒大規模修剪，反倒可能破壞整體姿態與觀賞價值。如何在保留櫻王壯麗樹形與清除病枝之間取得平衡，成了最大的難題。修剪不能操之過急，治療也無法一步到位，只能如細火慢燉般，耐心調理。於是，我們選擇了最謹慎的方式，一刀一剪之間，都如手術般小心翼翼。在這場與病魔的拉鋸戰中，櫻王的復原之路拉長了五年——五個花季，才終於將病勢穩住。

救治不能&二代引導

自二〇二一年展開大規模簇葉病的修剪管理後，針對每棵櫻花樹進行逐一健康診斷，才真正揭開了阿里山櫻花林的沉重現實——許多超過六十年的老樹，不僅病況嚴重，甚至整個樹體潰爛腐朽，幾乎已無法挽救。這些老樹，不只是孤立的患者，更成了病菌擴散的源頭。在保全整體健康的大局下，我們不得不面對最艱難的選擇：伐除。這不是一個輕易可以下的決定。阿里山的櫻花，早已不只是樹，更是人們記憶的一部分。每一次修剪，每一次調查，我們都能深刻感受到民眾對這些櫻花樹的關懷與情感。而「伐除」二字，像是一記重擊，需要的不只是專業的判斷，更需取得大眾的理解與共識。然而，我們也清楚，伐除不該只是結束，更應是另一段生命的起點。於是，我們將眼光放向所謂的「二代」——那些自老樹基部竄出的不定枝。在常人眼中，它們或許是雜亂的枝條，但在我們眼中，那是延續生命的希望火苗。雖然不定枝並不保證就能成為健全的下一代，但若能引導其向下扎根、穩固基礎，它們將可能成為下一個百年的見證者。

要推動這樣的世代交替絕非易事。尤其對於一般民眾而言，「二代櫻花」的概念仍相當陌生，大規模的伐除與更新，更容易引發情緒與誤解。身為樹木醫，我們理解每棵老櫻的壽命極限，更知道延續風華的最佳時機不能再拖延。如果現在不著手世代交替，那又要等到何時？

那將是對整座阿里山的櫻花林，更大的背叛與遺憾。

帶著這份急切，我走入嘉義林管處的會議室，誠懇表達對現況與未來的展望。期盼的不只是行政的支持，而是對一場世代傳承的真正認同。幸運的是，這樣的想法獲得了理解，終於，在二〇二一年底，我們啟動了大規模的重症病樹伐除作業。看著一棵棵重症的櫻花老樹，如同走入櫻花的煉獄。面對它們，我默默地說：「我拿走你們沉重、病痛不堪的軀體，只為了讓你們重燃生機。如果你們還保有一絲力氣，請讓那微弱的不定枝發芽，我會用盡方法，引導你們延續生命。」令人欣慰的是，二代木的引導成功率接近九成。這些從病樹基部冒出的新生枝芽，開花，經過精心引導與守護，猶如從廢墟中綻放的新生命。三年的時光裡，它們以驚人的速度成長，已有枝條高達近三米，挺立在

從病樹基部冒出的新生花苗。

重生的櫻花樹以驚人速度成長。

母株的身旁。它們彷彿知道，自己承載著母樹未竟的使命與記憶，在母體殘存養分的滋養下，努力茁壯、穩穩站立。那一抹綠意不只是再生，更是一種延續，一種希望，象徵著阿里山櫻花林不願沉沒的生命意志。每一株二代木的成長，都是一段生命接力的見證。櫻花的世代輪替，不只是自然法則的必然，也是人與樹之間深深情感的牽繫。

櫻花小護士的培育

阿里山櫻花樹的救治工程，歷經近四年的時光。從病痛沉疴中逐步恢復，老樹慢慢重拾生機，每一年的春天，花開得更加健康穩定。而在這片櫻花林間，二代木也悄悄地接棒生長，象徵著世代交替的希望，為百年之後的阿里山預留下綠意與花影。對我而言，這段救治的旅程，在此已告一段落——然而，更深遠的使命才正要開始，那便是：**傳承與永續**。

當我卸下「樹醫生」的角色，我知道，我不能僅僅將希望寄託在技術與專業之上。真正能守護這片櫻色山林的，是深植在地心中、來自對故鄉的愛與責任。於是，我主動再次與林管處溝通，提出願景——是否能開放教育訓練，讓在地的居民親自參與，用他們的雙手與心，接下保護櫻花的火炬。

林管處起初對櫻花的回春仍抱持審慎態度，希望由樹木醫繼續長期照護。這樣的想法，

堅毅不放棄的在地守護者。

雖出於保護之心，卻與我當初的救治初衷有所不同。對我來說，樹木醫的角色只是引導與急救，而真正的永續，要回到民眾的行動，才能長長久久。經過多次的討論與凝聚共識後，終於在二〇二三年春，正式展開一系列教育訓練課程。

這些課程橫跨文化、歷史、生理、病害與實務操作，每一堂課的設計，都有一個簡單卻深刻的目的——讓人與櫻花重新建立連結。課程一開始，我總是用嚴肅的語氣告訴大家：「我是樹醫生，我能做的是搶救，但守護，是你們的責任。」因為我深知，阿里山的櫻花不僅是自然的恩賜，更是大家共同的記憶與生活依靠。賞櫻帶來經濟繁榮，但保護，是更深一層的回饋與承諾。

我用最淺白的方式講解櫻花的脾氣、它的喜好與病痛，讓每一位參與者都能不再畏懼，而是更貼近、更理解。因為唯有理解，才會疼惜；唯有疼惜，才會行動。這三年來，阿里山的染井吉野櫻已透過修剪大幅控制病害，只需持續維護，便能迎來重現盛景的未來。而這，需要一群願意同行的在地守護者。

半年多來的訓練，學員們從陌生到熟悉，從觀望到投入。有的拿到了「櫻花勳章」，也有的即使未獲證書，依舊默默堅守在林間。他們在四季輪替中，為櫻花剪除病枝、巡視林道，只願這片櫻花林一年比一年更茁壯。因為他們知道，這不只是保護一棵樹，而是在為阿里山的櫻花寫下下一個百年的故事。

祝山的染井吉野櫻

阿里山櫻花樹的救治行動，最早起始於祝山觀日區的三棵老櫻花。這三棵櫻花樹，是長年陪伴民眾迎接日出的存在，曾被日本媒體報導，承載著許多記憶與情感。二〇一九年，它們因樹冠簇葉病嚴重、病勢覆蓋超過六成而被列為優先救治對象。我們循序漸進地進行修剪，同時搭配土壤基盤的改善。幾年來，每到春天樹勢逐漸恢復，兩年後病症痊癒、花開健壯，成為最早痊癒且最健康的櫻花樹群之一。然而，二〇二三年底，一場突如其來的變故打破了寧靜。這三棵櫻花樹因不明外力影響，於二〇二四年春天花苞全數停止發育。經與嘉義林管處同仁調查，發現樹下土壤表面有一層不尋常的黑油。消息傳來，令人震驚又痛心。當時所有花苞已乾枯，接下來連葉片都發不出來。櫻花無法長出葉子，等同失去光合作用的能力，又正逢烈日曝曬，對它們而言，無疑是一場生死考驗。花季來臨，祝山櫻花全數枯萎，引起不滿聲浪，批評聲接踵而至。雖然這三棵櫻花早在二〇二一年就完成救治計畫，正式退出醫療名單，但我從未真正放下它們。我是它們的主治醫，再多風雨，也不能棄它們而去。當輿論壓力一波波襲來，園區裡其他的染井吉野櫻卻前所未見地盛開，彷彿在集體對我說：「我們恢復了，我們健健康康地開花了！」那一刻，我看見櫻花用最純粹的方式回應我的守護。它們用整齊盛放的花朵，為我打氣，也替那三棵仍在苦撐的櫻花樹發聲。我告訴自己，我一定要救回它們——不惜一

救回後盛開的祝山櫻花樹。

二〇二四年春天停止發育的花苞。

切。

阿里山是一個特殊的地方，不只是樹木，連人與人之間的關係，也充滿複雜的紋理。原本只是單純地想救樹，救完後就交由當地人持續照護，畢竟，醫者不可能永遠守在每棵樹身邊。真正長久的保護，需要在地人的參與與認同。但救治的過程，不只有技術上的挑戰，還有來自地方人文、情感，甚至是抗拒外來者的摩擦。這就像植物會排斥外來種，人與人之間也是。我站在祝山枯損的櫻花前，心中吶喊：「櫻花樹何其無辜？」為什麼要傷害這些從不辯解，只默默綻放的櫻花？有位朋友陪我上山巡視後，輕聲說：「老師，您在阿里山救這些樹吃了很多苦。只是單純想救樹，擋著的路可能多著呢？」這句話，我記到了現在。在台灣救樹，有時真的不是只有技術問題，還可能遇到警告、恐嚇，甚至下藥……那些難解的人情壓力，往往比病樹本身更難處理。為了爭回這三棵櫻花樹的清白，堅守正義；我甚至踏進了法庭。即便焦頭爛額之際，我也不曾放棄它們，隔年，它們奇蹟般地重新發芽，正緩緩自枯死命運中甦醒著，並重生。

我曾經懷疑，自己救樹的努力是否反而讓樹木成為攻擊的目標。當我想離開救治之路時，只要閉上眼，腦海裡浮現的就是這些渴望援助的樹影。當我心灰意冷、幾近放棄，是這些櫻花再次盛放，像是無聲地對我說：「我記得你做的一切。」我救了它們，其實，它們也在救我。救回那個曾經幾近失望的我。

電動 遊園車

祝山櫻花自枯死的命運裡重生並展葉。

2 神的樹——柳營百年榕樹

老榕樹急待救援

那是盛夏的一天，陽光炙熱，空氣近乎灼人。清早，助理匆匆帶來一則請求——一位民眾來電，希望我們能盡快前往柳營，勘查一棵對整個村子極為重要的老樹。

走進那片綠意交錯的農田，還未確認地址，我們便遠遠望見了那棵孤立於田間的老榕。它高逾十五公尺，樹形渾圓，如一顆巨大香菇靜靜矗立天地之間。然而，走近一看，心頭頓時一緊——枝葉乾枯，樹冠已有過半失去生機，只剩灰褐色的枯枝向天空伸展。

我們剛抵達，村民們便紛紛聚攏過來，圍繞著我們與這棵老榕，七嘴八舌地訴說著它的過往。一位九十高齡的阿公愁容滿面，顫聲問我：「老師，這棵樹……還救得回來嗎？我們真的不知道該怎麼辦了……」他說，這幾年他們曾尋求政府協助，也請過專家來看樹。有人說它得了「樹癌」，建議進行土壤消毒，但最後不了了之，只留下日復一日的等待。榕樹日漸凋零，如今只剩三分之一的樹冠還存綠意。他語帶哽咽：「我們不是不在意它……只是無能為力……」另一位大叔紅著眼眶接著說：「這不是一棵普通的樹，它是我們村的精神支柱。每年正月三山國王廟的祭典，都是在它的庇蔭下舉行的。」一旁的阿嬤也低聲補充：「我的阿嬤、媽媽、我自己……我們三代都在這棵樹下長大。它已經超過一百五十歲了，怎麼能眼睜睜看它死去？拜託老師，幫幫

村民們與老榕樹牽繫深刻情感。

我們吧……」

我聽著這些話，心中沉重。這不僅是一棵樹，它承載著情感、記憶與信仰的根。當我進一步了解老榕的環境背景，一切逐漸清晰起來——這棵榕樹位於開闊水田中央，旁邊種植著火龍果，是這片土地上最醒目的標記，如今卻瀕臨枯死。我蹲下查看土壤與樹皮，告訴村民們：「這棵榕樹不是得了樹癌，而是長期受除草劑藥害所苦。附近農地或許使用了化學藥劑，導致它逐漸衰弱。」我抬頭看著那片枯枝說：「現在正值酷暑，無論開挖還是修剪，對它而言都是負擔。但我們不能再拖了，它已經撐得太久。」

正午時分，烈日當空，田間如同蒸籠。這時助理驚呼：「老師你看，天氣明明大晴，偏偏只有榕樹上方聚著一小片烏雲，好像是它自己招來的庇蔭……」我抬頭望去，果真如此，心中一震，也許這正是天地間的一種默契。我轉身對村民說：「這棵樹狀況緊急，我們會儘快安排搶救行動，請給我們幾天時間。」阿公堅定地說：「我們會籌措經費，只求能救回它……它不只是樹，是我們的神。」我回應：「它是你們的神樹，也是我們共同守護的信念。」

結束柳營一整天的勘查後，心中仍縈繞著那棵百年老榕樹的身影。然而，這天南下的主要行程，其實是為了趕往一間寺院，處理那裡的樹木問題。傍晚抵達時，寺裡的師父親切接待，為我安排在大殿旁的一間簡樸寧靜的休息住所。夜深了，月色清澈如水，微風輕拂院落，萬籟俱寂。此時此刻的安寧彷彿將一整日的奔波與沉重都沉澱下來。我漸漸沉入夢鄉……然而，在夢的某一處轉角，一條無敵大蛇悄然現身。那並不是一場驚駭的夢，蛇靜靜地靠近我，牠的臉竟與我如此接近，彷彿想貼近我的面頰。我可以清楚看見牠的溫和雙眼、牠沒有絲毫惡意，反而帶著一種不可言喻的祥和氣息。不是侵略，也非警告，而是如某種凝視，似要傳達什麼。儘管如此，我從未夢見過這樣清晰而具象的蛇，在夢中驚醒。整個人坐起來，心跳未平，久久難以釋懷。那不是恐懼，而是一種難以言喻的感應，彷彿這條蛇攜帶著某種訊息，在夜的靜謐裡靜靜探訪了我。

老榕樹——人為的農藥害

若不儘快搶救，這棵老榕樹恐怕撐不過這個酷暑。這是我心中最深的憂慮，也是最清楚不過的事實。然而，我們究竟有多少勝算？我不敢輕言。畢竟，這是一棵百歲以上的老樹，是一個活生生的生命體。面對這樣的存在，我除了深深敬畏，更只能尊重它的生命選擇。我們所能做的，只是盡人事，而後——聽天命。

這場枯損的源頭，來自於藥害。除草劑，顧名思義，是為了剷除雜草而設計的化學藥劑。雖說針對的對象是雜草，但別忘了——雜草是植物，樹木亦然。這些化學物質一旦釋放到環境中，影響從來不是選擇性或單一性的。簡單來說，能夠讓雜草枯萎的藥劑，也有能力讓樹木走向死亡。市面上的除草劑主要分為兩類：一種經由葉片吸收，另一種則進入土壤，透過根系傳導。而真正對大樹造成深層傷害的，往往就是後者。當除草劑殘留於土壤中，樹根在不知不覺中將毒素一點一滴吸收，最終癱瘓水分與養分的吸收系統。根系枯竭後，整棵樹便再無力支撐自己，走向崩塌。最令人痛心的是——這一切的傷害，並非立即可見。樹木不會喊痛，不會哀號，它只是靜靜地站著，看似一切如常。直到某天，葉片不再舒展、枝條逐漸枯黃；當我們驚覺異狀時，往往已是回天乏術——因為早在數月前，它的根，已悄然死去。

我們常安慰自己說：「這麼大棵的樹，不會這麼容易就被除草劑影響吧？」但事實往往殘酷。越是高大、年長的樹，根系越深、分布越廣，一旦毒素進入土壤，它無法選擇，只能無聲地承受，最終一點一滴走向枯亡。

我們理解台灣炎熱潮濕的氣候讓雜草快速生長，除草幾乎成了農民最頭痛的日常。但即便如此，再怎麼追求效率、再怎麼依賴化學藥劑，也請別忘了——這些大樹是無辜的。它們曾庇蔭我們的童年、守護土地的安穩。除草可以，但請避開它們的根域。千萬不要讓那些原本應該陪我們走更長遠歲月的老樹，成了除草劑下沉默的犧牲者。

汙染的土壤與枯枝修剪

要清除這棵老榕樹表層受汙染的土壤，絕非易事。從樹冠的枯損情形來看，地下殘留的毒素濃度，遠遠超出我們原先的預估。更令人心疼的是，這棵歷經百年風霜的大榕，如今已有七成樹冠乾枯。大規模修剪勢在必行，卻是一項艱鉅的工程——不只是技術上的挑戰，更是情感上的拉鋸。即便必須剪去枯枝敗葉，我們仍希望盡可能保留它原本的姿態，就如同面對病重的親人，即使身體不堪，也應保有一絲外貌的尊嚴與體面——那是一種最基本的尊重。

這不是單純的樹木醫治，而是一場與信仰、歷史與情感交織的儀式。踏入村莊的那一刻，我便感受到這棵樹不只是自然的一部分，更是一種信仰的寄託。當日抵達現場，我毫不遲疑地先行前往村中的廟宇，誠心向神明稟告即將展開的行動。那座供奉三山國王的老廟靜靜佇立於晨光之中，雖外觀樸實，卻散發著濃厚的鄉土情感。廟旁是村民日常聚會、閒話家常的地方，有人下棋，有人泡茶，整個空間彷彿凝結著時間的緩慢流動。踏入廟堂，心中湧起一股莫名的敬意。村民介紹說，這座廟已存在逾百年，壁面上層層煙痕，是歲月與香火交織的痕跡，也承載著無數祈願與守護的故事。我點上一炷香，雙手合十，向三山國王稟告這三日的救樹行動，懇求庇佑。就在我誠心祈禱之際，一旁的廟公也輕聲附和。他眼神誠懇，語氣平和地說：「三山國王是山神啊，這棵樹我們拜託王爺很久了，希望能幫我們找來貴人救救它。今天醫生

老榕樹的七成樹冠已成乾枯。

您來，就是王爺安排的，真的感謝王爺。」那話語樸實，卻讓我心頭一震。原來，在我尚未踏入此地之前，村民早已默默祈求許久，而我，只是恰好回應了這份祈願。

我帶著些許疑惑，輕聲問廟公：「奇怪的是……那天看完老榕後，我夢見了一條大蛇，那夢境真實得驚人。牠靜靜地出現在我面前，溫和、不帶惡意，但牠的出現，卻讓我一直無法釋懷……這會不會有什麼特殊的意涵？」廟公微微一笑，眼神溫和篤定，說道：「那不是恐懼，是感謝啊。大蛇是神靈的象徵，也是守護的化身。你會夢見牠，也許正是老樹與三山國王在向你表達感謝。他們知道你遠道而來、傾心救治，這夢，是他們的回應。」我瞬間明白，這不只是一次拯救的行動，更是一場與天地、人情、信仰深層交流的經歷。而我，只是幸運地，成為了其中的一環。

救治作業預計需時兩至三天，這天一早，村民早已聚集在榕樹下，準備共同見證這場生命的修復。最令人動容的，是村裡的阿公阿嬤們不僅提早到場，還貼心地準備了桌椅、水果與茶點，細細叮囑我們：「別太操勞了喔，點心先吃飽，再繼續做事。」這樣溫暖的話語，瞬間喚起我兒時的記憶。當年在自家農田收成的日子裡，母親總會備妥滿桌的點心與飯菜，讓親友補充體力。那是農村裡特有的溫情，是土地與人彼此扶持的情感交融。原以為這些記憶早已模糊，沒想到竟在這棵榕樹下，再度被喚醒。

有位高齡阿公，自清晨起便坐在榕樹旁，一動也不動地注視著我們的每一個舉動。他話不多，但眼神中充滿堅定與關懷，就像在默默守護著這位老伙伴，生怕它無法承受這場手術的痛楚。傍晚時分，工作接近尾聲，阿公悄然離去，不久後又捧著一盤親手種下的水果回來。他淡淡地說：「這沒什麼，就想做點事，幫點忙。」我看著他眼裡微微的濕意，那不是悲傷，而是一種深沉的情感——對老樹的疼惜、對村莊記憶的珍視、對每一份努力的感激。那一刻我明白，這棵榕樹，早已不只是村中的一棵老樹，而是一段代代相傳的生命故事，是信仰、回憶與連結的實體象徵。

當我們開始剝除老榕樹表層的根系，迎面而來的，是令人痛心的景象——我們所見的不是新生，而是腐朽與凋萎。原本期待能發現幾縷仍健壯的細根，但映入眼簾的，卻是一片殘敗：無論從哪個方向探查，皆是腐根、爛根，最基本的吸收功能早已蕩然無存。這棵老樹的傷，遠比我們原先判斷的還要嚴重。它正承受著一場無聲卻長期的浩劫——從土地深處，一點一滴地被侵蝕、耗竭。那麼，問題來了：既然根系早已潰敗，那麼這一年來，它又是靠什麼力量撐起龐大的身軀？那微弱的氣息從何而來？答案令人動容。這棵老榕，曾經無比茁壯，累積了數十載的養分與能量。無法再汲取新養分的情況下，它選擇用「老本」苦撐——像一位不肯輕言放棄的長者，即便身軀衰弱，仍直挺脊梁，默默承受風雨。但再堅強的生命，也終有極限。當根系不再具備輸送能力，榕樹只能主動割捨——放棄部分枝幹與樹冠，將僅存的能量集中保住核心，留住最後一線生機。這也就是我們所見的現況：樹冠枯損逾七成，只剩四分之一的枝葉，在風中孤獨地搖曳。

剝除老榕表層根系，皆是殘根與爛根。

眾人擁抱老榕樹

在這炙熱的盛夏，空氣裡瀰漫著厚重的暑氣，每一次土壤的翻動，對一棵已然虛弱的老樹而言，都是極大的負擔。然而，奇妙的是，儘管氣象預報連日預告高溫無雨，這兩三天的救治過程中，現場的天空卻始終籠罩著一層溫柔的陰雲，彷若老天爺也體察這棵百年老樹的苦楚與堅持。待一切作業塵埃落定，空中竟悄悄灑下了一場細雨，如及時的甘霖，輕輕潤澤著老榕，也灑進了眾人的心田。這場雨，彷彿是一場來自天際的祝福與致敬，靜靜為我們所完成的守護使命，畫下溫柔的句點。

當爛根與腐土被一一清除，那些曾經緊纏樹命的陰影終於露出空隙，始終靜坐一旁的阿公突然開口：「這麼大的樹，不知道要幾個人才能環抱得住啊？」話音剛落，這位九旬長者便緩緩起身，堅定地

眾人牽起雙手，將老榕擁入懷中。

表示希望能與大家一同環抱這棵老榕，留下這段歷史性的記憶。最終，我們六位大人圍繞著粗壯的樹幹，彼此牽起雙手，將它擁入懷中。而阿公則用那雙布滿歲月痕跡的手，輕輕撫摸著老榕的樹皮，動作溫柔如對待親人，眼中滿是疼惜與不捨，那是一種跨越語言的深情。

救治作業全數完成後，我站在榕樹下，向村民們說明接下來的養護步驟：「這棵老榕現在進入養生階段，未來幾個月至關重要。請大家有空多來看看它，若發現任何異狀，務必立刻通知我們。」這時，有人問道：「老師，這棵樹多久才會好呢？」我望著眼前的枝幹，微笑回答：「最快三個月，最慢半年，細根會一點一滴再生；接著，被修剪的枝條會慢慢抽芽、展葉。只要一年時間，它便能恢復七至八成的風貌。我們也會定期回來追蹤，這場與老榕的抗爭之路，還需要大家共同守護。」

話音落下，人群中響起一片沉默，有人低聲說出一聲「謝謝」。那簡短的兩個字，卻深沉得讓人動容，彷彿凝聚了整個村莊對這棵老樹的深厚情感，以及對我們這些遠道而來之人的信任與託付。三個月後的回診，老榕樹如約吐出了新根；半年後，那片曾經

三個月後回診，老榕吐出新根。

乾枯的樹冠，漸漸展現嫩葉的新綠；一年後，曾被認為無法挽回的老樹，奇蹟似地恢復了八成的枝葉與生氣。看著這棵曾經瀕死的老榕重拾風采，村民們都說，這簡直是神蹟。對我而言，更像是一種樹木對生命的堅持，是它自己選擇了回來。於是，在一年後完成回診結束，我再次前往三山國王廟，向神明稟告。此刻，我帶來的是一份沉甸甸的報喜——那棵我們曾為之心痛的老榕樹，在神明的庇佑、老天的成全，以及村民滿滿的愛中，已經逐漸邁向健全的生長，走出了漫長的苦境。在神前，輕輕地將這段歷程訴說，如同訴說一位親人的康復奇蹟。內心深知，樹木醫的任務已圓滿完成，但這份過程所牽動的情感與敬意，將會深深留在心中。離開廟宇時，我回頭望了一眼那遠方挺立的大榕樹，心裡湧現的是無比的讚嘆與敬佩——那不只是樹的重生，更是生命的見證。這一眼，足以成為永恆的記憶。

兩年後重生的老榕。

3 守護校園的樹——八大棵老榕樹

校園老樹的危機

近年來，台灣在樹木保護推廣上的努力日益可見，各類相關課程如雨後春筍般開辦，令人欣慰。畢竟，教育才是改變的根本，有時甚至比眼前的救治行動更為迫切。我們由衷期盼，能有更多新世代的年輕人、有志之士走進這條守護樹木的道路。

就在這段課程密集、日程緊湊的期間，我接到了中原大學的來電。校園裡一排歷史悠久的榕樹，近年明顯衰弱、枝葉枯損，儘管校方用盡心力照料，依然看不到復甦的希望。我與校內師長及行政團隊前往會勘，眼前所見，令人不忍：那曾經蔥鬱挺拔的一列榕樹，如今竟氣若游絲，枝葉稀疏，顯得格外孤單。校方坦言，幾年前進行校園景觀重整工程，並因此榮獲設計大獎。諷刺的是，這份設計榮耀的背後，卻埋藏著老榕衰敗的代價。當時工程為求「保護榕樹」，委託專家進行相關處理，卻也因此造成潛藏性傷害。為了查明問題根源，我們在現場進行土壤探勘。當樹木護士開始開挖時，一旁的人不禁驚呼：「怎麼手臂可以整隻伸進去？」起初，大家懷疑那是老鼠挖出的洞穴。但經多次測試後才確認，這些空洞並非動物所為，而是覆土時施工疏忽、未確實回填所造成的結果——內部鬆散虛空，根系無法穩固生長，更遑論有效吸收水分與養分。

▲與校內團隊一起會勘病重的校園老樹。

◀土壤內部虛空，整隻手臂可完全伸進去。

對樹而言，這無異於抽走了生命所依。根系逐漸萎縮、腐敗，枝葉也隨之枯損。現場情況緊急，我們立刻與校方研商對策。全排八棵榕樹皆處於危急邊緣，需即刻展開搶救。然而，對我們而言，日程早已排得密不透風，還有多棵等待援助的老樹，情況同樣急迫。在反覆協商後，我們決定採取「日夜連軸」的方式作業，將工作時間最大化，也期盼學生能參與其中，一同守護校園的綠色記憶。但此舉也使我面臨另一項艱難抉擇：這段時間正好撞期於一場籌備多時的樹木保護教育課程。該課程報名踴躍，參與者包含來自各地的專業人士，主辦單位也已投入大量人力與資源。當我提出希望因應救樹緊急狀況延後課程時，主辦單位明確表達立場：除非講師本人發生不可抗力之事，否則無法調整時程。這個決定一度讓我陷入兩難。最終，我選擇放棄這場課程。即使因此被誤解、留下罵名，我也無怨無悔。因為對我而言，身為一位樹木醫生的使命，不應只是在教室中談論搶救，更應該在第一線與枯損搏鬥，與生命並肩作戰。我誠摯地向所有報名學員說明原因：「當面對一排即將死亡的老樹時，我無法安心站在講台上說教。我不願成為那位站在急診室外、只談理論卻不願動手的醫生。」與其在冷氣教室裡投影幻燈片，我寧可在汗水與泥土中，與一棵棵垂危的生命相守相救。這，才是我所理解的職責與信念。

土層下的驚奇與不捨

當校方正式決定啟動搶救行動的那一刻，樹木醫與多位教授、校長、董事長一同齊聚在八棵榕樹下。那是一個陽光溫柔灑落的午後，微風輕拂，彷彿夾帶著老榕低語的期盼。這並非一次例行的會勘，而是一場關於歷史與生命重量的集體見證。

董事長站在樹下，凝視這八棵枝葉雖稀卻依然挺立的老榕，語氣中滿是不捨與深情。他說，這八棵榕樹，伴隨著中原大學走過數十寒暑，是見證校園變遷的活歷史。它們不僅僅提供綠蔭，更是無數學子青春的見證，是一代代師生心中不可替代的情感依託。「這些榕樹，是無價的。失去了，就無法再找回。它們的意義，遠超過植物本身，是一種無聲的陪伴與長久的守候。」

話音剛落，一位老師走向樹下，帶頭低頭禱告。眾人隨之合十，默默祈願。老師的聲音低沉卻篤定，為榕樹獻上誠摯的懺悔與祝福——懺悔過往人為改造所造成的傷害，也祝願它們能再次扎根、重拾生機，在這片校園土地上繼續守護、繼續見證下一代的成長。那一刻，榕葉在風中發出輕微的顫響，彷彿聽見了人們的祈禱，靜靜地回應著這份來自人心深處的悔意與期待。

隨著搶救作業展開，眼前的景象令人震驚——這已不是單純的醫治，而像是一場揭開沉埋記憶的考古。樹木護士們手持高壓空氣槍，小心吹除覆蓋在根系上的土壤。不久，助理急忙跑來，語氣帶著驚慌：「老師，根系下方是空的！腳一踩就像踏在彈簧床上……太空了，不踏實。」我立刻前往確認，彎下腰的瞬間，心也跟著一沉。那不是土壤，而是一層層碎片堆疊而成的鬆散介質，毫無扎實感。更令人錯愕的是，整個土層竟如三明治般層層堆砌，質地與顏色各異——紅土、椰纖、泥炭，甚至還有水苔穿插其間。這並非自然生成，而是一場完全人為的拼貼工程。原生土壤早已被移除，取而代之的是層層人工覆土。根系本應貼近地表、與空氣接觸，如今卻被深埋五十公分甚至一公尺之下，與地氣隔絕。而原本根根相連、彼此交織的八棵榕樹，竟也被強行切割，成了一座座孤島。我們終於理解，為何榕樹日漸枯黃、枝葉凋零。這場開挖，不只是對土壤的翻動，更像是一次次剝開受傷的記憶。這些錯誤的救治，曾以「保護」之名，卻讓根系日益衰竭，生命悄然流失。

我們歸納出幾項關鍵致命問題：

第一，覆土過高。榕樹屬淺根植物，根系需貼近表土以接觸空氣。一旦過度埋深，便宛如窒息，難以生存。

第二，土層異質。不同介質層層堆疊，反而阻礙細根向下延展，導致生長受限，像是呼

水苔穿插土層之間。

層層堆砌的土層顏色各異。

根根相連的榕樹被強行切割，成為一座座孤島。

吸道被卡住。

第三，**水苔誤用**。水苔吸水後緊貼根表，造成長期濕熱、缺氧，進而導致根腐。而最深的痛，來自根的斷裂。這八棵榕樹，自幼一同種植，根系交纏如手足血脈。如今卻被迫切斷、彼此孤立，就像家人被拆散，陷入無盡的耗損與孤單。那一刻，我們站在土壤之上，見證著一場錯誤工程所帶來的深遠代價。面對這樣的困境，我們深知時間緊迫，唯有加速開挖、搶救，才有可能為老榕爭取一線生機。即便如此，仍有人質疑：「榕樹不是最耐活的嗎？怎麼還需要這麼大陣仗？」甚至有人輕描淡寫地說：「放著吧，說不定自己會好起來。」但事實是——**再強壯的樹種，當根系失去吸收功能、與大地失去連結時，也終將走向枯萎**。不是因為它是榕樹就不會死，沒有根的榕樹，終究只是等待消逝的軀殼。

開挖搶救持續至深夜。午後，學生們下課後自發趕來協助；一雙雙手戴上手套，在榕樹下默默清除土壤中的石塊與雜物。他們不言苦、不喊累，三日不間斷地投入，以一

學生們一起來清除土壤中的石塊和雜物。

鏟一鏟的堅定，為榕樹鋪出重生的道路。校方上下也全力支持，中原大學的董事長更是多次親臨現場，走近每一位投入的師生，語氣中滿是感動與感謝。他說：「這些榕樹不只是樹，它們是校園的靈魂，就像我們的家人一樣。」

某天，董事長望著榕樹，低聲問我：「真的救得回來嗎？怎麼會變成這樣……我們還能怎麼辦？」那一刻，我心中湧現難以言喻的沉重。我知道，這八棵榕樹的情況並不樂觀，過多根系已遭切除，整個基盤鬆動，是一場長期的慢性枯竭。這些真相，一時之間說不出口，也說不忍說。我只能深深吸氣，抬頭對他說：「我們一定會救回來。榕樹需要的，是信任與守候，它會撐下去的。」

董事長點了點頭，卻沒有多說。他這幾天幾乎天天來，每次都默默走過八棵榕樹，有時佇立良久。他的眼神沉靜，背影孤單，那份深深的牽掛與歉疚，無聲卻清晰。每當我看見他站在大樹下的身影，心中總湧起一股不捨——不僅是對榕樹的

董事長望著大樹的歉疚身影。

痛惜，更是對這位始終心繫校園、心繫生命的守望者的敬意。我們都明白，這次搶救的不只是八棵榕樹，更是搶救一段與土地連結的記憶，是搶救那份代代相傳、靜靜守護的情懷。

榕樹的發根與恢復

我們或許曾一廂情願地以為，榕樹天生強韌，根系發達，只要種下去，便能四季茂盛、枝繁葉茂；似乎不論環境多麼惡劣，它都能屹立不搖。然而，樹畢竟是生命。一旦根系腐爛、斷裂，或被埋入鬆散、缺氧的空洞土壤中，即便是再堅強的樹種，也難逃衰弱與枯萎的命運。事實是，當土壤環境不健全，根系無法順利吸收水分與養分，榕樹的生命力就會一點一滴被消耗殆盡。這種枯損，並非劇烈崩塌，而是日復一日、無聲無息的慢性衰退——看似緩慢，卻致命。

以中原大學這八棵榕樹為例，它們歷經六十年風霜，是無數學生青春記憶的見證。然而，當根系遭到破壞、被切斷、深埋在不合生理需求的層層覆土中，便失去了水分與養分的傳導能力，只能在極其緩慢的消耗中，走向凋零。有人問：「如果我們什麼都不做，讓它們自己休養生息，不是也會好起來嗎？」我們的回答是——「不會。」不是因為它們是榕樹，就有免死金牌。樹，也是生命。當它無法呼吸、無法攝取水分時，自然也就無法用綠意回應陽光。

校方曾試圖回頭追查當初參與救治的廠商與專家說法，期望釐清當時的處理邏輯與用意。但調查結果令人唏噓——土壤層的配置毫無明確依據，背後也缺乏對樹木生理機能的基本理解。深埋與覆土的方式，竟成為了錯誤創意的代價。這些表面上獨具匠心的手法，實則變成了老榕生命的隱形枷鎖。在缺乏科學依據的「救治」下，它們的根系悄然枯竭，生機逐步消散。

這次的根系重創，讓這八棵榕樹的康復之路格外漫長。與過往案例相比，它們不僅需要時間，還需要無比的耐心與信念支撐。每當我重返校園，總會有老師輕聲問起：「榕樹，好些了嗎？怎麼看起來還是沒什麼動靜？」那語氣裡交織著擔憂與期盼，讓我倍感壓力。對我而言，這早已不是單純的救治，而是一場與命運的拔河，一步一步與衰退對抗，每個環節都充滿艱辛與不確定。我總是以平穩的語氣回應：「再等一下，榕樹們正在努力，它們需要一點時間。」我深信，只要它們沒有惡化，便代表它們仍在堅持，仍在努力穿越眼前這場劫難。果然，在半年後，榕樹們開始緩慢地重新發根。期間一度大量落葉，讓校方憂心忡忡，擔心這是否預示著不可逆轉的敗象。但對我們這些懂得傾聽樹木訊息的醫者來說，那落葉，其實是新生的前兆。是一場靜默而深刻的脫胎換骨。落葉，是樹木調整內部能量的表現，正顯示根系正在甦醒、蠢蠢欲動。**樹木在生死邊緣時，會出現各種劇烈反應，有時是突如其來的落葉，有時則是不合時節的開花——這些，都是它們奮力求生的語言。**

半年後重新發根的榕樹們。

榕樹們熬過了最黑暗的時刻。雖未恢復昔日榮景，但每個春天枝芽的吐露、每一次落葉後的新生，都是它們自我修復的證明。未來每一次的落葉與抽芽，都是根系延展幅度的表徵。這是一條緩慢卻堅定的復原之路。若能保持這樣的節奏，不再退步，大約三年後，它們便可重回榮光，恢復枝繁葉茂的風采。於是，一步一腳印，榕樹們堅定地走在這條漫長的復原之路上。歲月悄然流轉，三年過去，曾經垂危的八棵榕樹，如今已枝葉扶疏、樹影婆娑，恢復了昔日的挺拔與風華。那一刻，我靜靜站在樹下，仰望著滿頭翠綠的枝葉。微風吹來，葉聲如浪，沙沙作響。內心湧上一股難以言喻的感動與敬意。這不僅是一場樹木的重生，更是一場靈魂的蛻變。我輕聲對它們說：「你們真的好

三年後的八棵榕樹已恢復過往的挺拔風華。

美……謝謝你們，依然選擇留下，繼續守護這片土地，陪伴每一位中原的學子。」

而我，身為樹木醫的任務，也在此告一段落。但那份連結，早已深深扎根在這片土地與這群挺過風雨的老朋友之中。榕樹的枝葉仍在風中搖曳，彷彿正對著我微笑，輕輕地說：「我們會一直在這裡，繼續守護這片校園。」

4 精神還在——老鳳凰木的傳承

百年鳳凰木——忍耐

嘉義美術館前，那棵近百年的鳳凰木，曾是這座城市最亮眼的綠色記憶。它傲然挺立於街角，在陽光下舒展著火紅的花簇，如同燃燒的火焰，是無數人心中共同的地標與驕傲。然而，近年來，它卻悄然走向衰弱。枝葉不再茂密，樹冠日益稀疏，黃葉片片，如低語般訴說著它的病痛與孤寂。每次前往阿里山，我總會經過嘉義市區。而每當經過，我便會刻意放慢腳步，為自己留下一點時間，看看這位久違的老朋友。遠遠望去，尚未靠近，那熟悉的藥劑氣味便已撲鼻而來。那是一種刺鼻、濃烈，甚至令人窒息的味道，即便隔著五公尺，依舊無法忽視。

我屏住呼吸，走近它。眼前所見，是讓人心痛的一幕：在樹幹與土壤交界處，密密麻麻的藥劑灌注孔如針孔般遍布，深入粗根四周。撥開草叢，幾隻鳥類的屍體靜靜躺著，沒有聲音，卻如同沉默的見證者。藥劑的氣味鑽進鼻腔，也鑽進心底，那是一種難以言喻的悲傷與不安，讓人無法呼吸。我繞著這棵鳳凰木慢慢踱步，細細觀察它的每一道傷痕、每一寸肌膚。

時間催促著我啟程，阿里山還有等待救治的櫻花樹。但臨行前，我佇足良久，低聲對它說：「我知道你的根已腐敗，我感受到你全身的疼痛。如今的我，幫不了你……你已踏上藥劑的道路，我真心替你擔憂，不知你是否還有機會熬過。」

我轉過身，深深嘆了口氣。心中浮現一個無解的思緒——也許，樹也有它的業力。當歷經所有苦難與耗損之後，或許才有機會迎來真正的轉機，遇見願意傾聽、真正理解它的貴人。而此刻的我，只能暫時離

佇立於嘉義美術館前的百年鳳凰木，近看卻是密密麻麻的藥劑灌注針孔。

去，懷著滿腔的不捨，奔赴下一場生命的守護——在阿里山，那些仍等待重生的櫻花們。

轉機與希望

半年後，出乎意料地，我接到了嘉義美術館的來電。他們希望我能前往，為那棵老鳳凰木進行一次現場勘查。聽見這消息的瞬間，心中湧起難以言喻的情緒——既驚訝，又欣喜。那棵陪伴嘉義市民近百年的老樹，難道終於有機會擺脫藥劑治療的束縛了嗎？我在心裡輕聲對它說：「你終於等到了……」

數日後，我與團隊再次回到那片熟悉的土地。鳳凰木仍靜靜地立在原地，彷彿比記憶中更加寂寥、更加消瘦。館方告訴我們，這段期間它的狀況未見起色，甚至越發衰弱。當我再度與它相見，距離上次來訪已是半年有餘——那曾經盛放如焰的榮光，如今僅剩斑駁的影像。它的氣息微弱到幾乎無法回應，就像一位垂暮的長者，靠著意志支撐著最後一口氣息。我輕輕蹲下，一邊翻挖土壤，一邊低語，彷彿與老友促膝私語：「你真的熬過了……哪怕只剩一口氣，也不肯離開這個世界，是這樣嗎？」土壤中仍瀰漫著刺鼻的農藥味，那味道瞬間衝入鼻腔，彷彿化療後殘留在體內的毒素未曾散去。那味道不只是嗅覺的刺激，更像是一種失敗與痛苦的記憶。眼前的鳳凰木，如同病榻邊垂危的癌末病人，身形消瘦，連呼吸都顯得艱難。當我指尖觸碰到它腐爛的根部，那是一種生命正逐漸崩解的訊號——而它，卻仍然固執地站著。我低聲說：「你把僅存的生命交給我……就算這場搶救再難，我也會陪你走下去。」那一刻，所有的委屈與不捨瞬間湧上心頭。這不只是樹的掙扎，而是生命在最後關頭，發出的無聲呼求，期待還能有一線生機。我明白，這已不單是一場醫治，更是一場信念的等待與回應。在鳳凰木的沉默中，我感受到它最後的請求——那是一種不願倒下的堅持，一種即使凋零也不願放棄的尊嚴。

團隊現場勘查，發現鳳凰木比記憶裡的型態更加瘦削。

百年樹僅剩零星的健全根

當我們下定決心要為這棵老鳳凰木展開搶救時，首要之務，便是清除它身邊那一層層殘留的藥劑——那是它長年以來默默承受的化學重壓。根據調查，現場至少施用了三種不同藥劑，而這樣的混用與劑量，早已將土壤中的微生物系統徹底摧毀，留下的，只是一片無聲無息的「死土」。這片土地，曾經滋養著一棵驕傲的老樹，如今卻宛如歷經長年化療的病體，被抽空了所有的生命力。表面乾淨，實則貧瘠，就像一間無菌病房——沒有細菌、沒有滋養，連最微小的生命鏈也早已斷裂。

我們不能忘記，樹木的根系之所以能吸收水分與養分，並非孤軍奮戰，而是仰賴土壤中豐富的微生物協助，將有機物轉化為它們可吸收的形式。當這些微生物全數殞落，鳳凰木便如失去消化系統的病人，再努力也無法從外界獲取能量。它只能日復一日地消耗自身那所剩無多的生命儲備，去支撐著越發稀疏的枝葉。這不是堅韌，而是一場沉默的求救。而我們也不得不面對殘酷的現實：若在這樣的條件下，它某天悄然枯萎離去，那並不是意外，而是它早已為生存，傾盡了最後一絲力氣。

當我們小心翼翼地揭開鳳凰木的表層土壤，那些曾經深埋於地底、默默支撐它數十年的粗壯根系，逐一浮現眼前。然而迎來的，不是重逢的驚喜，而是令人心碎的事實——粗根上密密麻麻布滿針孔，那是藥劑反覆灌注留下的痕跡。這些原本厚實堅韌的根，如今卻宛如潰爛的傷口，發黑、滲出惡臭液體，濃重的農藥氣味瀰漫整片空氣，令人幾乎無法呼吸。

我們默然地圍繞在老鳳凰木周圍，像是站在一場無聲的葬禮中。每一條根的腐敗，都是它無聲的呼救；每一道藥孔的滲透，都是它難以訴說的痛楚。

我們走過每一道粗根，卻找不到一條倖存。直到夜色低垂，開挖仍在持續。整整一天過去，我們終於確認：只剩下一條根，還緊緊抓住土地，那是它與這片大地最後的連結。如此龐大的樹體，竟只靠一條根苦撐，令人心疼至極。

支撐鳳凰木的地下根系，亦布滿密密麻麻的針孔。

人們常記得鳳凰木盛花時的燦爛與浪漫，那一抹熱烈的紅，曾讓無數人佇足仰望。然而少有人知，它的身體其實極為脆弱：枝條易折，幹材易腐，對棲地變化極為敏感。當美術館的開發改變了原有地形，排水受阻、覆土過高，便無聲地改變了根系的呼吸與生存條件。而這一連串的改變，就如同一條看不見的鎖鏈，緊緊勒住了它的命脈。當樹幹基部開始冒出子實體，那是大地最早的預警——你的身體正在腐朽。但這樣的訊號未被重視，取而代之的，是一次又一次強烈的化學治療，企圖「控制」腐朽、對抗真菌。沒有人想過，這些藥劑並非萬靈丹，它們需要樹木自己去承受。而若是一般的年輕樹，早已撐不過這般劇烈的化療，轉瞬即枯。然而，這棵老鳳凰木卻咬牙撐過，用那僅存的力量，硬生生地挺住了。

忠實的回應——感謝

老鳳凰木經歷了破土重生的艱難旅程，根系的整頓與重建，宛如一場針對生命最深處的手術。此刻，它僅存的那條根，就像一條垂危之際的呼吸管線，是它與這片土地之間，最後的聯繫。如何讓這微弱卻頑強的根，再次恢復生命的機能，成為我們此刻最大的挑戰——也是最大的希望。

僅靠這麼一條根，要撐起這龐大而年邁的樹體，需要的不是奇蹟，而是極其龐大的能量與無比的韌性。儘管如此，我始終相信：只要給它一個機會、一絲喘息的空間，它就會用盡全力，回應我們對它的期待。於是，我們重新調整土壤，以自然的方式刺激新根的生長。我們不再倚賴藥劑，而是回到生命的本源，讓微生物、空氣與水分重新成為它的盟友與依靠。這不是短期能見效的路，而是一場與時間的耐心賽跑，也是一次與命運深層的交心。此刻，我們所能做的，就是守護——靜靜地守著、等待著。等待奇蹟的發生。兩週後，正值一場在嘉義舉辦的教育訓練課程。課程結束後，我帶著一群學員徒步前往嘉義美術館，再次來到老鳳凰木的身邊。微風吹拂，枝葉輕顫，彷彿在默默迎接我們的到來。

我站在它的面前，向學員們娓娓道來它一路走來的傷痕與掙扎——它如何在連年灌注的藥劑中苟延殘喘，又如何在只剩一條根的絕境中，與死亡持續抗衡。那是一段不為人知的隱痛，也是一種沉默中的堅持。話語剛落，一位學員主動表示願意與我一同挖掘土層，觀察根系的現況。老實說，我們心中並無太多期待——在那樣幾近死寂的環境下，誰也不認為它能在短短時間內冒出新根。即使如此，我心底仍藏著一絲微光：萬一，它真的聽見了我們的心聲？萬一，它還想活下來？我們小心翼翼俯身，輕輕撥開表層的土壤——就在那一刻，眼前景象令我們驚愕不已，幾乎難以置信。那是滿滿的新生細根，如同嬰兒的指尖，純白細嫩，在陽光下閃閃發亮。那不是衰敗的殘根，而是一根接著一根，從土地深處努力伸展而來的生命觸角，正拚命地向下扎根。我小心翼翼地將細根輕輕覆土，用雙手蓋回一層溫暖的保護。這不是我們在拯救它——而是鳳凰木，在用自己的方式，回應我們的努力。它感受到了這片重新回歸自然、脫離藥劑的土地，所帶來的寧靜與信任。

和學員一同挖掘土層、觀察根系現況。

令人驚喜的新生細根。

恢復與意外——命運安排

鳳凰木的恢復，其實遠比我們當初預想的還要迅速。不到一年的時間，那些原本幾近枯竭的細根，竟奇蹟般地恢復了七成以上的吸收能力。我們看著它的枝葉一天天重現生機，每一道細根就像新生的血管，穩穩地扎進土壤深處，彷彿在用它自己的方式告訴我們：「我還想活。」那是一種無比動人的回應。若這樣的速度持續下去，或許只需幾年，這些新生的根系便能取代那些早已腐朽的老根，再次撐起這棵曾經搖搖欲墜的巨木，守住它在這片土地上僅存的生命連結。

然而，生命的旅程從不平順。一年後，一場突如其來的大雨，再度撩動我們懸著的心。館方緊急通知，鳳凰木出現大範圍的枝葉黃化。我立刻趕往現場調查，才發現原來排水管的另一端封堵，積水無

正邁向復原之路的鳳凰木。

法排出，使根系長時間浸泡在水中，窒息般無法呼吸，導致葉片變黃、活力下降。我蹲在濕潤的土邊，靜靜地感受這棵老鳳凰木傳遞來的訊息。我知道，它正以自己獨有的語言提醒我們：它正在嘗試將新根往上生長，試圖用淺層根系取代那早已深埋腐敗的根脈。這是一種求生的本能，也是一種回應我們努力的執著。然而，命運的試煉尚未結束。二〇二四年秋，一場強烈颱風重創南台灣。狂風暴雨橫掃大地，無情地擊打著每一棵還站著的樹。儘管鳳凰木有鋼架支撐，我們也早已為它做好加固防備，卻終究抵擋不住那鋪天蓋地的暴力與摧殘，倒在它熟悉的土地上。那一刻，現場是

不敵颱風狂暴摧殘，倒下的鳳凰木令人心碎。

一片斷裂與傾頹的景象。枝幹橫倒，根盤撕裂，空氣中瀰漫著土壤與破碎木質交織的氣息。那唯一倖存的根，雖曾奮力撐起整棵樹體，也曾在我們的守護下重新孕育出無數新根，努力抓住土地。但那些新生的細根，還來不及長成粗壯的支撐系統，還來不及真正承接鳳凰木沉重的身軀，命運的驟然降臨，便已將它定格在那未竟的希望裡。也許，這就是它的命運。也許，這正是老樹最後一次傾身交出的訊息：它已經努力到最後一刻了。

世代交替與永續

老鳳凰木傾倒的消息傳來那一刻，我的心揪緊得說不出話。儘管早已知道它的根系損毀嚴重、搖搖欲墜，儘管早已預想過這樣的結果，但當那棵曾與土地深深交織、見證無數四季流轉的老朋友真正倒下時，心中還是湧起難以抑止的失落與不捨。然而，我也深知——老鳳凰木並沒有真正離開。它只是換了一種姿態，繼續守護著這片熟悉的土地。

從最初幾近腐爛、無法支撐的根系，到後來那一絲絲堅毅的細根再生，它早已為自己預備了一份生命的「基金」。如果它熬過了颱風，這些細根會成為它浴火重生的力量；若最終無法倖存，這些根，也將化作種子，延續下一代的生命。那段日子，我請館方盡量不要擾動根系周圍的土壤，只需靜靜守候，因為我相信——奇蹟，或許會悄悄發生。果然，一個月後，小鳳凰木探出了頭。三、五株稚嫩的小苗，在柔軟的土地上靜靜冒出，模樣雖嬌小，卻堅定無比。那是老鳳凰木的血脈延續，是大地在我們的守護下，以最深情的方式，給出的回應。不久後，館方邀請我前往現場，討論老鳳凰木的後續處置。有學者提出，既然老樹已傾倒，是否應將其徹底移除，改種他種，或從外地移植新樹。但我毫不猶豫地回應——老鳳凰木還沒有死。它只是換了一種形式，默默延續著自己的生命。這些小苗不是外來者，而是這棵百年老樹，在耗盡最後一絲氣力後，留給這片土地的種子與希望。這不是單純的自然現象，而是一段生命的交接儀式，它從未離開，它只是以新生的姿態，重新回到我們身邊。只要給這些小鳳凰木一點引導、一點呵護，不需太久，或許不到一年，它們就能長成兩、三米高的年輕樹苗。那不僅是老鳳凰木的延續，更是一個都市記憶的傳承。

稚嫩的鳳凰新苗破土而出。

老鳳凰木，不僅是嘉義美術館前的一棵樹，它是嘉義人的共同記憶，是這座都市的精神

不到一年長成的年輕樹苗。

象徵。若貿然移植外樹、割斷傳承，那將無異於親手斬斷這片土地與鳳凰木百年來的連結。就像人類有世代交替，樹木也有它們的延續方式。當我們失去了老樹的軀體，迎來的卻是一整片新生命的萌芽。它們會以新的樣貌，繼續守護這塊熟悉的土地。而這，或許正是最美的自然教育。讓孩子們親眼看見、親身體會：生命如何接棒，精神如何延續。鳳凰花依舊會開，只是從此以後，將由下一代的鳳凰木，帶著老樹的記憶，綻放屬於它們自己的光芒。

5 草屯——鳳凰木的憂心

鳳凰木面臨的困境

在台灣，鳳凰木的計畫性種植可追溯至日治時期，最早由台南引進，做為行道樹加以栽植。當時引種的背後，反映了近代化綠化的都市思維。從植栽間距、樹種選擇，到後續的管理與照護，皆有系統性的規畫與執行。除台南之外，南投草屯地區亦為鳳凰木的重要分布地。草屯工藝中心園區內即有數棵近百年樹齡的老鳳凰木，不僅為園區的視覺主軸，更早已融入在地居民的日常記憶。每逢夏日，火紅花海盛開成蔭，成為遊客佇足、拍照與休憩的場域。

二〇二一年夏，我首次受邀前往草屯工藝中心進行樹木健康評估。當日天朗氣清，鳳凰花隨風搖曳，絢爛的背後，卻潛藏令人憂心的訊號——多株鳳凰木樹幹上出現靈芝科子實體，

樹幹內部腐朽的子實體。

這些真菌孢體的出現，是樹體內部腐朽的重要警訊。當館方人員逐棵陪同查看時，臉上的焦慮清晰可見。他們提到，這些鳳凰木不僅關乎景觀，更承載地方情感，因此在發現異狀後，便積極諮詢各方專家，同時也盡可能避免使用農藥，期望在維護生態平衡的前提下，尋求樹木的永續處方。

二〇二一年前往草屯工藝中心進行樹木健康評估。

鳳凰木原產於東南亞，包括泰國、緬甸等地。該地區氣候具有明顯乾濕季之分，鳳凰木即便在強烈日照與乾旱條件下，亦能展現強健的生命力。但相較之下，台灣氣候濕潤、多雨，若栽植於排水不良的土壤中，極易造成根部積水，進而導致樹幹腐朽，並加速子實體的形成。對於樹木醫而言，子實體是樹幹內部腐朽的明確指標——它們如同從內部傷口中「長出來的證據」。老樹枝幹常共生著苔蘚、真菌與其他附生植物，構成一個微型的生態系統。因此，子實體的出現不僅是病徵，也反映了生命歷程中自然老化的一部分。可惜的是，這些病徵若不及時處理，將不僅影響樹木結構，也提高了安全風險。現場另一項挑戰，是白蟻入侵。幾乎每一棵老鳳凰木的主幹皆出現中空現象，並非個別現象，而是普遍存在的結構危機。許多鳳凰木栽植初期未充分預估成長間距，導致枝幹彼此競爭、交錯生長，加上過去廣泛採用的「截頭式修剪」，造成樹幹截面未癒合、水分滲入，逐年形成內部腐朽環境。

我印象深刻的一棵鳳凰木，主幹幾乎全數中空，內部布滿白蟻蟻道，彷彿一座被掏空的廢墟。這些看似微小的生物，正悄然於老樹傷口中建立棲地，也無聲地加速著老化進程。即便如此，站在這些鳳凰木樹蔭下，仍能感受到夏日難得的清涼與光影交錯的靜謐——這是市民日常休憩的片刻，也是樹木給予的無聲庇護。但我們也不能忽

主幹幾乎中空的鳳凰木。

視，隨著長年踩踏與壓實，鳳凰木周遭土壤早已硬化，導致根系透氣性不佳、生長受限。這些年來，老鳳凰木面臨的不僅是自然老化，更承受著密集環境與管理方式所累積的長期壓力——中空、腐朽、蟻害與窒息，每一項都是生命的重擔。面對這些問題，我們需要深刻思考：**當老樹進入生命的暮年，該如何延續其價值**？我們能否在「共生」的基礎上，提供更多緩衝空間，讓它們重新呼吸？唯有從結構、安全、生態三方面同步思考，並導入專業知識與細緻管理，這些老鳳凰木方有機會繼續與土地、與人們共存、共榮。

救治與民眾參與

鳳凰木是這片土地上珍貴的自然資產，要真正守護它們，最關鍵的不是單打獨鬥的技術救治，而是讓社區成員深刻理解並參與到它們的棲地管理中。於是，我們與工藝中心攜手，於救治期間開辦了一系列「樹下教室」——完全跳脫冷氣房，所有課程都在那一排排蒼翠的老鳳凰木下進行。工作人員架起竹椅小凳，將座位一張張錯

在老鳳凰樹下熱烈進行的「樹下教室」。

落放於樹蔭之下，彷彿回到孩提時代的戶外課堂。入秋午後，微風輕拂，枝葉隨風沙沙作響，孩童與長者們靜坐其中，將課本上的知識轉化為親身的感官體驗。

課程不只是講解，更強調動手實作——大家彎腰鬆動樹根表層的壓實土壤，讓根系重獲呼吸空間。最動人的，莫過於一家大小共同投入：大人揮動鋤鏟，小孩蹲在地上撿拾落葉。活動尾聲，主辦單位發放樹下自然落葉，指導製作堆肥，孩子們興奮地翻看、觸摸葉片，彷彿展開了一本活生生的生態教科書。

整個系列講座獲得熱烈迴響——有人說「這是我第一次真正看見鳳凰

大人們和小朋友一起揮動鋤鏟。

木的困境」，也有人分享「今後經過樹下，除了仰望花海，還會彎腰看土」。正是這種從知識到行動的共振，才能凝聚守護老樹的最大力量。唯有社區與樹木攜手同行，這些老鳳凰木才能在這片土地上繼續挺立、綻放，成為世代傳承的生命守護者。

與時間拔河的救援

對樹木醫而言，鳳凰木是一種充滿熱情的大樹——花開如火，如詩如畫。然而，越深入了解它，越能感受到它細膩的一面，也明白它的脆弱與不易。每一次的盛開，背後都是與環境共生共存的奇蹟；越是認識它，越是滿心疼惜。

在救治的過程中，我們一棵一棵仔細診斷，為它們建立專屬的健康診斷書。園區裡有一棵極為重要的老鳳凰木，側幹腐朽嚴重。經過詳細勘查，我們確定除了要清除腐朽部分、遏止白蟻擴散，更重要的，是設法支撐這棵中空的巨木。它無論在姿態、樹齡上，都是整個鳳凰木群中無法被取代的存在，因此被列為重點救治對象。那天，我與樹木護士助理討論著清理的方式。面對這巨大的中空樹幹，我指著內部說：「這些腐朽若未清除乾淨，將成為白蟻重返的溫床。」腐朽，就是牠們的食餌。助理打著燈向內窺看，轉頭對我笑說：「我看我都能整個人鑽進去了！」我們都不曾想過，有一天，我們竟會走入一棵樹的身體裡，執行手術。這棵老鳳凰

透過探照燈進行內部確認作業。

木的空洞深不見底，處理的難度遠遠超乎想像。那是一場與時間拔河的救援——我們從白天忙到深夜，又從夜晚挺到天明，超過二十四個小時不間斷。我不斷地在外圍巡視，確認內部作業的進展，助理則帶著探照燈，像進入洞窟探險般，一點一點、細心清除濕黏腐朽的組織。他說裡頭空氣稀薄，陰暗潮濕，唯一的光線，是從外部樹幹裂口透入的一道微光。我聽著他的敘述，腦中浮現鳳凰木堅強而寂靜的身影——即使傷痕累累，仍默默支撐著地上的枝葉與天空。

夜深了，工藝中心的加班人員陸續離開。有位員工好奇地走近，看見漆黑樹林中竟有微光從老樹中透出，探頭一看，才發現有人正在樹洞裡作業。這突如其來的畫面，若不貼上告示，還真可能讓夜間散步的民眾誤以為是神祕事件。

隔天清晨，陽光穿過層層枝葉，斑駁地灑落在講座現場。參與講座的民眾陸續報到入座，彼此低語交談、期待著這場在老鳳凰木下的課程。就在課程尚未正式開始時，眾人驚訝地看到一幕。一位護士從鳳凰木龐大的樹幹內，緩緩地爬了出來。陽光照在滿是灰塵的衣服上，額頭的汗水閃著微光。他站在樹前，輕輕拍了拍衣服，轉身望向大家，微笑著說：「終於清理乾淨了，裡頭的腐朽物全都清除了，白蟻就不會再有機會了。」語氣雖輕，卻藏不住那份深夜奮戰後的疲憊與堅定。

鳳凰木棲地與歷史

當我們開始清理鳳凰木下的表層土壤，驚訝地發現，這片看似自然和諧的土地底下，竟還深藏著過去建築的基座遺跡。那些水泥殘骸靜靜躺在土中，彷彿在訴說著一段人與土地交織的歷史。也讓人不禁想像，在當初鳳凰木被種下時，究竟是植物優先，還是建築先行？答案早已無從得知，

土壤中竟埋藏著過去建築的基座遺跡。

留下的，只是鳳凰木與人為遺跡間微妙的距離與張力。這些硬冷的基座，從來不是鳳凰木的盟友。它們無法共生，也不給予空間。鳳凰木的根系似乎察覺到了什麼，並未強行侵入，而是自覺地繞開、退讓，維持一段若即若離的界線，保有一片能夠自由呼吸的土地。

我們一點一滴清除藏在土中的磚塊、石塊與廢棄物，這過程耗時費力，卻也讓我們更加理解土地下的「沉默」如何緊緊束縛著樹木的生命。尤其令人動容的是——在這一整排鳳凰木之下，每一棵老樹的根系，竟彼此交織、相連，宛如一張無聲的地下網絡，互相支撐、互相傳遞著訊息。或許，它們早已知道下方的土地早被封閉、硬化，於是選擇將根系集中於表層，默默地適應。

然而，這些表層根系也承受著過多的重壓——人們來回行走，日復一日地踩踏，早已讓土壤變得密不透氣，像是另一層人造的水泥皮膚，使根系窒息、生長受限。我們小心翼翼地清除腐爛根系，希望釋放出更多空間，讓新的細根能在鬆動的土壤中重新蔓延。從鬆土、調整土壤結構，到新根萌發、蔓延，至少需要半年的時間，才能看見轉化的開端。而我們所做的每一分努力，都是為了那一刻——當老鳳凰木重新感受到土地的溫度與呼吸，展開更堅實的根，迎向更長遠的生機。

同類的愛——分享

工藝中心的鳳凰木，歷經一段時間的細心救治，終於恢復健全、生意盎然。就在嘉義鳳凰木陷入命懸一線之際，我收到來自工藝中心承辦人員的一通訊息。

他語氣關切地說：「我們聽說嘉義的鳳凰木出了狀況，不知道從草屯康復的鳳凰木，能不能為它們做點什麼？老師，如果有需要，我們隨時願意幫忙。」那一刻，內心一陣悸動。我立刻想到草屯第一批接受救治的鳳凰木，其中有幾棵樹齡與嘉義的相近，它們已逐步恢復健康，根系穩固，土壤也因這一年的調養變得溫潤、活躍。或許能將這片帶有生命記憶的健康土壤，做為支持嘉義鳳

草屯第一批接受救治的鳳凰木。

凰木的第一劑良方。我這麼一說，工藝中心的承辦人毫不遲疑地回應：「我馬上去裝袋，把這些土準備好，送給嘉義的鳳凰木。」就這樣，在嘉義鳳凰木搶救行動展開之際，第一袋倒入樹下的土壤，不是來自嘉義當地，而是從南投草屯，穿越山川、滿載祝福而來的鳳凰木土壤。那一袋土，不只是營養的傳遞，更是鳳凰木之間無聲的連結，是同類之愛。像是老朋友在遠方伸出的手，輕輕扶住一棵正奮力掙扎的生命。

我們都知道，並不是所有的樹木都需要肥料。樹木在地球上生存了數億年，它們擁有遠超過人類想像的智慧，在自然中自給自足，安然成長。某些時候，人類自以為是地干預，以為給予肥料與農藥是幫助，卻未曾想過，這些「好意」也可能成為干擾。其實，樹木來自森林，來自自然，它們要的從來不是太多，只是一個順其自然、能夠呼吸的環境。對它們來說，**多餘的養分與化學物質，反而像是一種負擔**——因為，樹，是不貪的生命。

鳳凰木便是如此。它們是大地的贈禮，更是土壤的守護者。做為豆科的一員，鳳凰木天生具有與根瘤菌共生的能力，能將空氣中的氮轉化為植物可利用的形態，進行「固氮作用」。這樣的能力，使它們不但能夠自給自足，更能改善土壤，滋養其他生命。固氮，是一種無聲的奇蹟。儘管空氣中氮氣含量高達百分之七十八，植物卻無法直接吸收利用，唯有轉化為銨態氮或硝酸態氮，才能成為生命的養分。而鳳凰木，正是這種轉化的橋梁。也因此，在一片貧瘠或受損的土地上，若能種下一棵鳳凰木，它不僅能活，還能帶動周邊生命的甦醒——它們是肥料木。如今，嘉義美術館的老鳳凰木，在最需要支撐的時刻，像是收到來自同類的血液輸送般，迎來了來自南投草屯的溫暖土壤。那是一袋袋來自另一片土地的問候，是曾經痊癒的鳳凰木對同伴的伸手援助。這不只是搶救的過程，更像是一場跨越土地、跨越時空的情誼。是鳳凰木之間，默默傳遞的支持與守護，是自然的牽繫——在這片土地上靜靜延續著。

6 士林官邸——楓香夫妻樹

楓香危機？

每年三月，阿里山的花季隨著櫻花盛開而展開。在這場櫻花樹的救治計畫中，我們也舉辦了一場對外公開的樹木講座，邀請一般民眾一同走進自然、走進樹木的生命。講座剛結束，一對夫妻匆匆趕來。他們說，為了這場講座，他們在深夜從北部趕上阿里山，只為一個心願——希望我能抽空前往台北士林官邸，替他們照顧多年的老楓香看看。在講座場邊，他們細細訴說著楓香樹這幾年來的病痛，一邊講、一邊眼泛淚光。說到傷心無助處，語氣哽咽。他們說，如果再不搶救，這棵楓香恐怕會被砍伐，從他們的世界中永遠消失。我聽得出來，那不只是對一棵樹的關心，那是一種深植心中的情感連結。他們的誠懇與哀傷深深觸動了我。這不僅

因灌注藥劑治療不當，反而造成樹木傷口潰爛不堪。

是一段求助的旅程，為了一棵樹，跨越城市、山林，只為守住一份與自然的情感。我沒有猶豫。在內心深處被深深感動之後，結束行程我立刻安排返回台北，親自前往士林官邸，為那棵楓香樹展開診斷。

那是一對並肩而立的夫妻樹，靜靜佇立在官邸正館一隅。由於緊鄰建築物，其中一棵自地面約五十公分處出現明顯破損，並長出子實體——象徵腐朽的警訊。為求止損，曾有人灌注藥劑治療，卻因方式不當，讓傷口每年如流湯流血般潰爛不堪。考量其結構安全與病變程度，原已被列入砍伐名單。然而，在這對夫妻眼中，這兩棵楓香不僅是樹，更像是情感寄託的象徵。他們長年細心照料，與其相伴如同家人。

潰爛的老楓香

當我站在這對夫妻樹前，目光凝視其中那棵逐漸退化的楓香——它的樹幹像是拖著一隻瘸腳，不時從破口潰爛擴散，如同默默承受著長年的病痛。不僅如此，它甚至面臨著被砍伐的命運，在眼前搖搖欲墜，似乎正等待一個最後的希望。我轉身向那對負責照料它們的管理夫妻輕聲說道：「其實，這棵楓香並不是無法挽回。問題並不在它的本質，而是在那原本就已受損的位置，因為過去藥劑灌注，反而讓潰爛不斷擴大，像是傷口被強行撕裂、難以癒合。現在，它需要的不是更多藥物，而是一次精準的外科清創。」我頓了頓，繼續道：「為了安全，我們必須請『楓香先生』暫時降低高度，讓樹體減壓，避免因支撐力不足而倒下。而在這段恢復的日子裡，『楓香太太』將扮演極為關鍵的角色——她的健康與穩定，是支撐整體根系與環境復原的重要力量。」這對楓香，就像人世間的伴侶，一方病弱，另一方堅強守護。如今，在樹木醫的角度中，我所看見的，不僅是一棵棵植物的存亡，更是情感的依附與生命的連結。楓香樹，向來以堅實著稱。那筆直挺拔的樹幹，如同沉穩的中流砥柱，使它們能在風雨中穩穩挺立。隨著年歲漸長，楓香的樹皮也日益厚實，歷經時光風霜，逐漸展現出蒼老而莊嚴的風貌。然而，也正因歲月的累積，厚重的樹皮上偶爾會長出子實體——這些通常是潰爛的結果，有些會深入樹體，有些則僅在表層，差異極大。

這棵「楓香先生」，或許只是運氣差了一點，偏偏在接近地面的樹幹下方長出子實體，於是被歸類為「危險木」，甚至可能面臨砍除的命運。但當我們細緻調查後發現，楓香先生其實健康無虞，那些潰爛擴散，說到底是我們人為造成的。若不是當初為了除菌所施以的藥劑頻繁注入，原本的傷口根本不會如此惡化。就像是一位長者不過蛀了一顆牙，我們卻誤判為無法治癒的絕症，難道就該被放棄嗎？這樣的錯誤，其實是人類急於「控制」自然的結果。有人可能會問：「除了灌藥，難道沒有其他方法處理子實體？」答案是：當然有。而從樹木醫學的角度來看，子實體並不總是惡兆，並非每一種都會對樹體造成深層傷害。它們的位置、種類、與樹體的關係，都影響著診斷與處置方式。在國外許多老樹的文化中，我們常看到百年老樹樹幹上帶有子實體，依然安然挺立。因為老樹本就如一個完整的小型生態系統，數以千萬計的微生物與其共生，彼此依附。然而，生長在都市的人行道旁、公園裡，或是歷史建築的庭園中，這些與人為空間交織的樹木，就必須審慎處理——不僅要守護樹木的生命，更要兼顧人的安全。因此，子實體的種類、位置、潛在危機都需要謹慎評估，才能在保護老樹的同時，也守護人與自然間的平衡。

楓香夫妻樹不可思議

這對楓香夫妻樹，靜靜地在士林官邸的庭園裡守候了超過半個世紀。他們共同經歷四季更迭，見證時代變遷。隨著周邊環境的變化，越來越多的樹木生長、擴張，樹根在土壤中彼此糾纏、競爭資源，空氣被壓縮、空間逐漸飽和，有些樹索性突破地面，在表層尋求呼吸的縫隙。

相比之下，楓香夫妻樹所處的環境更為受限，植栽基盤長期緊縮，土壤逐年硬化，生長壓力日益沉重。當我們面對楓香先生那逐漸惡化的傷口，啟動外科處置的同時，更深切地思索著：除了清創，更該思考如何讓它的整體體質轉好？如何讓它有足夠的力量來癒合自己？當我們開始清理周邊的土壤，所見令人動容——這對楓香夫妻的根系早已交織在一起，分不清你我。它們在狹小的土壤空間中彼此支持、相互依靠，共同尋找生機。許多人認為楓香是深根性的植物，但實際上，環境早已悄悄改變了它們的生長方式。這對夫妻的根，緊貼著地表，就像在呼喚空氣與水分的回應，一種沉默卻急切的求生渴望。

我們知道，新的根系引導需要時間，而在這段恢復的過程中，楓香先生因手術而失去枝葉，暫時削弱了光合作用的能力；此時的

彼此交織纏繞的楓香夫妻樹根系。

他，必須仰賴楓香太太——那始終在一旁不離不棄的伴侶——來提供支撐與養分。她就像一位照顧傷者的伴侶，默默分擔著重擔，等待對方重新站起的那一天。楓香先生能否恢復元氣，全仰賴太太的扶持與守護。當我們完成所有的救治程序，心中其實並不輕鬆。因為真正的療癒，才正要開始。那不只是樹皮的修補與枝葉的重生，更需要時間的修復。就如同身體被切開、縫合後仍需靜養與復原，楓香先生也需要時間，慢慢療癒這道深刻的傷痕。

楓香太太的感謝

一年過去了，楓香先生的傷口也逐漸癒合。原本為了降低傾倒風險而修剪的高度，如今卻讓他的枝葉更加繁茂有力。隨著每一個春天的到來，楓香夫妻樹的枝條不斷舒展、生長，不僅擴大了整體樹形，更明顯展現出一種從容與健全的生命姿態。

傷口逐漸癒合的楓香先生更加枝繁葉茂。

這一天，回診的途中，當初深夜趕赴阿里山、誠心祈求樹木救治的那對夫妻也一同來到現場。太太滿臉笑意地說道：「詹老師，這一年來，看著楓香逐漸恢復，其實我做過一個夢……夢裡，我看見楓香太太彎下她高大的樹身，溫柔地注視著身邊一群圍繞著她跳舞的楓香葉小精靈，整個畫面充滿溫暖與幸福。我想，那是楓香夫妻想對我們傳遞的感謝與喜悅吧。」

說著說著，她眼角泛著淚光。看著眼前枝葉繁茂、氣勢恢弘的楓香先生，以及依舊靜靜守候在一旁、默默支持的楓香太太，這一切讓人內心滿是感動。從當初的潰爛危機、被列為伐除對象，到如今枝繁葉茂、回歸健康的姿態，這一路走來，楓香太太從未缺席。正是她的守護與供養，成就了楓香先生的重生。如今，能夠站在這對樹木前，見證它們一起走過的堅韌與奇蹟，內心既感

夢中楓香太太彎下身軀，溫柔看顧周遭圍繞的葉片。

動又無限欣慰。

而今，這對楓香夫妻仍持續守護在士林官邸的庭園裡，依舊如昔地陪伴每一位來訪者。這份重生與相守，不只是樹木的故事，更是一種對自然的感恩，也是對生命的禮讚。

7 堅守崗位——慈湖老桂花

衰弱的老桂花樹

在台灣，百年桂花樹並不多見，可說是彌足珍貴的自然資產。而在大溪慈湖陵寢內，便矗立著一對超過半世紀的老桂花樹，至今依舊堅守崗位，靜靜守護著這片歷史之地。當我們前往現場進行診斷時，其中一棵桂花顯然已步入晚年。根系因老化而逐漸腐爛，腐朽一路延伸至樹幹，狀況令人憂心。若是在一般公園，這樣的樹早就被列為淘汰對象了吧！然而，這棵桂花樹顯然不一樣，它之所以仍然屹立不倒，正是因為它背後承載的意義，以及管理單位對它的重視與敬意。

當我們站在老桂花樹前，聆聽軍官細緻地娓娓道來這棵樹的歷史與曾經的努力，可以感受到他們對樹木的情感，早已超越了管理與維護的層次，更多的是一份責任與珍愛。他們提及幾年前察覺異狀時，便立即啟動救治行動，為改善環境進行了排水調整，並在周邊埋設了多種特殊資材，希望能幫助桂花根系強健、復甦。然而，當我們動手開挖，眼前所見卻證實了許多潛藏的問題。早期台灣在種植樹木時，對於植栽空間與排水設計的重視普遍不足，許多植栽空間被壓縮、根系擁擠，長年累積之下，空氣難以流通、水分供應不足、土壤微生物生態遭破壞，最終導致土壤硬化、貧瘠。這一切，都悄悄成為樹木衰弱的隱形殺手。**而在樹木醫學中，最艱難的不是治療本身，而是「看見問題」。我們往往太急於補救，卻忽略了真正的原因。許多人在面對衰弱樹木時，選擇了施肥、埋資材，或是一種「做了就安心」的心態，卻不知這些手段只是輔助，稱不上真正的救治。**

救治的抉擇

這棵老桂花的周圍，原本精心埋設的資材，也許出於一番善意，期待能引導根系更好地生長；然而事與願違，它卻意外地成為一處積水的集水區。打開土壤的一刻，撲鼻而來的是悶濕發臭的氣味，原本應該蓬勃的根系，如今只剩下被浸泡腐爛的殘根，令人不忍直視。為了減緩積水，周邊堆起的土堆試圖引導水流排出；但這樣的補救，終究無法彌補年久累積的損傷。

樹幹基部嚴重腐朽的老桂花。

最讓人痛心的，是這棵桂花已經近百歲，歷經無數風霜，卻在生命的後期因環境的失誤，陷入如此困境。它的樹幹基部嚴重腐朽，原本圓滿堅實的主幹，如今就像被從中剖成兩半，僅憑著一側殘留的樹皮，艱難地輸送著水分與養分，維繫著枝葉的生機。

站在它面前，那一刻，我彷彿不是面對一棵樹，而是面對一位將士。它曾經挺立，如今卻搖搖欲墜，卻依然咬牙撐著，努力開花、綻放，像是一種無聲的呼喊——「我還在，我還想站著。」我不禁自問：這樣的病患，我們真的該救嗎？如果是醫者，也許會說：「這已是不可逆的狀況。」而身為一位樹木醫，我也無法違心地保證：「它一定可以恢復。」我知道，我們早已錯過了最佳的救治時機。若能早一步發現它的腐朽，也許就能避免它成為如今「左右分裂」的狀態。現在，左側的根僅能養活左半邊的枝幹，右側的根則支撐著右半部，一棵樹卻彷彿分裂為兩個個體，早已失去了應有的完整與健康。即便如此，它仍不屈不撓地抽出新葉，綻放花朵，用盡僅存的力量告訴我們：「我還沒放棄。」對我來說，這份生命的堅韌，讓人幾乎無法轉身離開。

我沉默地望向軍官，低聲問道：「真的……要救嗎？」這不是輕率的問題，若強行救治，它能撐多久？它將永遠需要支撐，就像一位年邁的士兵，長年仰賴枴杖站立。或者，從景觀的角度來說，也許換植新木，才是更長遠的安排。軍官看著我，語氣堅定卻帶著柔情地說：「老師，這棵樹對我們而言，不僅是一棵樹，它是我們的弟兄。我們在這裡站哨，它也陪我們站哨。它是我們的衛兵，守護這裡超過半個世紀。即使年邁衰老，我們仍想盡全力救它。老師的顧慮我們理解，但若它能恢

樹幹呈現「左右分裂」狀態。

復，我們願意為它安排一處地方，能讓它好好退休，安享餘年。前提是，我們想盡力救它。」聽到這番話，我的心深深被觸動了。或許醫學有它的界線，但情感卻可以跨越界線。這不僅是救一棵樹，更是回應一段共同守護的歷史，一段曾經一同站哨的歲月。

我看著這棵老桂花，輕聲地對軍官說：「那麼，我們一起來救它吧。若它真能挺過這一關，我們就為它安排一段安穩的晚年，讓它在自然中安然退休，如同退伍的老兵，仍受敬重。」

只為弟兄付出一點心力

這一天，我們在灰濛濛的天氣中開始開挖作業，空氣裡飄著沉重的濕氣，像是為這棵老桂花籠罩上一層無聲的憂傷。由於主幹早已腐爛、分裂為左右兩半，每一次動土都讓人屏息以待——任何一個不慎，都可能造成單側枝幹傾倒。一旦失衡，原本就岌岌可危的根系恐將被拉裂，那便是回天乏術的結局。我們逐步剝開泥土，眼前所見卻遠比預期更令人震驚——這棵老桂花的根系，出奇地稀少與衰弱。也許是多年來的積水與腐爛，或是其他人為與自然的交錯因素，讓它失去了應有的根基支持。這樣的異常情況，在一般的桂花樹身上是難以想像的。換句話說，老桂花的衰弱，不是一夕之間，而是年復一年地，默默承受著無法言說的侵蝕。

順著那裂成兩半的主幹往上望，失去了樹幹的核心，我們甚至連用斷面年輪推算它年紀的機會也不復存在。這棵樹，彷彿連它自己來自哪一年，都一併被時間帶走了。站在旁邊的我們，只剩下深深的不捨，看著那殘存的一層樹皮，仍努力支撐著整個龐大的枝葉，彷彿在對我們訴說：「我還活著，請不要放棄我。」

軍官來到現場，望著那裸露腐爛的根系與斷裂的幹體，語氣哽咽地說：「真的無法想像，它竟能靠著薄薄的樹皮撐到現在。我們一直以為它只是老了、慢了，卻沒想到它早已這麼辛苦地活著。如果我們早點察覺，早點找你們來，也許它不必撐到這麼破碎。」他的話語間，滿是懊悔與心疼，那是一種對戰友的深情。如今的老桂花，雖然仍佇立在這片土地上，但它已不再是過往那位挺拔的「衛兵」。樹體分裂，恢復的可能性微乎其微，而養分與水分的運輸也大不如前。這樣的救治，必定是漫長且艱辛的，需要的，不只是技術，更是陪伴與耐心。

衰弱枝葉上的桑寄生。

然而困境還不止於此。我們發現，原本就衰弱的枝葉上，竟還寄生著不少大葉桑寄生。這些植物藉由鳥類傳播，在老桂

花僅存的枝條上生根，汲取著它原本就稀薄的養分與水分。雖然桑寄生本身擁有葉綠素，能行光合作用，但它們仍不斷從寄主身上掠奪能量，成為老桂花沉重生命負擔中的又一環。從樹體分裂、根系腐爛，到養分被奪，老桂花每一個生命細節都在告訴我們，它正在用盡全力與時間抗衡。

當根系的引導工程告一段落，我們接著面對的，便是更艱鉅的一道關卡——如何讓這棵被劈為兩半的老桂花穩固「站著」。失去了核心的樹幹，原本應該牢牢扎根土地、穩固支撐枝葉的軀幹，如今早已無法自立。每一分重量的移動，都可能成為壓垮生命的最後一根稻草。支撐，是這一階段最艱難也最關鍵的任務。左右分裂的樹體，極難取得力的平衡，而另一側的著力點更是一項高難度的挑戰——稍有錯誤，便可能導致整個結構失衡，引發二次傾倒，讓原本脆弱的根系與樹幹再遭重創。此時，軍方單位調來了憲兵弟兄，這群年輕戰士在第一線小心翼翼地托起老桂花

年輕戰士們第一線小心托起老桂花的身軀。

的身軀，有的撐、有的穩、有的定位，每個人都彷彿把這棵老樹當成了自己親手照顧的戰友。那一幕，與病痛對抗的搶救，如同我們在醫院裡扶起一位失去行動能力的病人——當病人無法支撐自己，每一次移動、每一個轉身，都是對照護者技術與心意的極大考驗。我們深知，一個不小心，可能換來的是無法彌補的傷害。那一日，老桂花仍在原地站著，雖然靠著枴杖，雖然身形不再挺拔，卻依舊傲然。

老桂花的驕傲與站哨

經過一年的悉心救治，老桂花奇蹟般地展開了枝葉。那一抹新綠，如同大地傳來的回音，回應著我們曾投注的每一分努力與盼望。然而，相較於枝葉的茂盛，我們更關注的，仍是它腳下那片看不見的根系。唯有健康強壯的根，才能真正支撐起整株老樹的生命，吸收水分、傳導養分，更是它重新站穩、延續生命的根本所在。

這一天的例行回診，距離當初的開挖與支撐作業尚不到半年，但眼前的情況卻已令人振奮。根系像是早已等不及似地，迅速向外伸展。水與養分在這些新生的根系中奔流，支撐著整個樹冠的復甦與擴張。回診的結果如同我們所期許的一般——穩定而欣喜。然而，就在我們以為希望已牢牢握在手中時，命運卻又開了一個殘酷的玩笑。半年後，一場突如其來的暴風驟雨，將老桂花再次無情地撲倒。當接獲緊急通報，憲兵弟兄們第一時間奔赴現場，奮力將老樹扶起，只為爭取那一線根系未斷、水分仍可傳導的機會。隨後趕抵的醫療團隊，面對斷裂處，驚訝於樹皮的韌性——這片曾被視為單純的外皮，不僅是運輸養分的生命線，更在這一刻展現出抵擋風暴的驚人力量。我們在現場，無聲地祈求著：老桂花，請再長出堅強的根系吧。因為唯有如此，才能重新穩固地站立，走向真正的康復之路。在隨後的三年裡，老桂花經歷了兩次傾倒，但從未放棄。每一次跌倒，它都選擇用自己的方式，再慢慢地站起來——重生。而今，再次回到現場巡視，望著眼前枝繁葉茂的老桂花，內心澎湃難以言喻。這一切，幾乎

老桂花不敵風雨無情而倒地。

救治不到半年，根系迅速向外擴展。

可以說是一場奇蹟的演出。當我們再次提起當初的計畫——是否該讓它在康復後「退休」，離開崗位、安享餘年？我們眾人圍繞在老樹旁，沉思著。

我望向老桂花，內心浮現一個強烈的感受：你沒有想走。你努力地伸展根系，你拚命地恢復枝葉，你在用你的方式告訴我們——「我還能繼續站哨」。那不是一株老樹的固執，而是一位衛兵的驕傲。我轉頭對軍官們說：「它不想退休，它還想繼續守護這片土地。我們不妨再給它一些時間，讓它完成它的任務使命。」

在台灣，桂花樹可說是最為人熟悉的庭園植物之一，其淡雅香氣與四季分明的花期，早已深植於人們的日常記憶中。然而，要見到一棵年逾五十，甚至百歲的桂花樹，卻是極為珍貴的存在。多數民眾在栽種桂花時，常會誤以為日照是影響

努力伸展根系、恢復枝葉的老桂花。

生長的主要因素。實際上，桂花屬於半日照植物，即便不在全日照環境下，也能良好生長。**真正導致桂花枯損的主因，往往來自排水不良與土壤條件不適。桂花的根系對濕度極為敏感，若長時間處於積水狀態，極易導致根系腐爛，進而影響整體樹勢**。而台灣常見使用廢棄土進行種植，這類土壤多半黏重、缺乏通氣性與有機質，不僅影響根系發展，更易引發如先枯病等根系病害，使桂花無法健康成長。

因此，若想讓桂花長久存活，除了日常養護，更需重視根本的土壤條件與排水設計。唯有提供一個適宜、透氣、排水良好的生長環境，桂花才能穩健成長，繼續綻放那份獨有的芬芳。

8 大溪區公所——老茄冬

老茄冬的救命恩人

當代社會逐漸重視環境與永續，樹木的保護也不再只是專家的責任，而成為全民共同參與的一場行動。近年來，從各大專院校到地方政府，紛紛推動相關的教育訓練，期盼能夠真正落實對綠色環境的守護，為未來的都市打造一片真正可以呼吸的綠蔭。

自二〇一八年起，桃園市政府率先展開一系列細緻且具體的教育訓練課程，致力於樹木保護的專業培育。我有幸擔任這項計畫的講師之一，走進教室的每一步，都是一份使命的延續。課程一開放報名，即吸引大量業界人士與對樹木保育有志者踴躍參與，堂堂課程人潮爆滿，甚至有學員無法報上名，仍願意搬著椅子，靜靜地坐在教室後方，只為了不錯過每一句關於樹木的知識與思維。讓我特別感動的是，主辦單位自身也派出多位同仁參與課程，從最基礎的樹木認識開始學起，那份謙遜與認真，正是種下改變的最初種子。隔年，我再次受邀，走進桃園市政府，面對的是百位市府同仁，一同探討「與樹木共生」的課題。在這堂講座裡，我向他們娓娓道來樹木所面臨的困境，從老樹的傷痕到都市建設的壓力，強調那句最簡單卻最深沉的話語：「前人種樹，後人乘涼。」綠化，不該只是口號，而是每一項公共建設背後的良知與堅持。我深信，道德應凌駕於技術之上，若我們能從心出發，尊重每一棵樹的生命，便也是在尊重我們都市的未來。

講座結束後不久，當初邀請我前來演講的長官因職務調動，轉任至大溪區公所擔任區長。某日，他忽然聯繫我，語氣中滿是擔憂：「老師，我們區公所有一棵很大的茄冬樹，狀況看起來非常不好……您能不能來幫忙看診一下？我真的很放心不下。」我聽出他語氣中的牽掛，於是便安排時間前往現場會勘。初到現場，眼前的景象令人不禁沉默。這棵老茄冬，在過去數年區公所的擴建與改建中，逐漸被建物包圍，成為中庭內孤立的一株老樹，象徵著歲月與歷史。然而，這樣的象徵卻透露出難以忽視的疲態。腐爛的根系無力地藏匿於地底，卻已難以支撐；而枝幹、樹幹上覆滿層層槲蕨，看似蓬勃，卻如同傷口上茂盛的雜草，將它原有的生命力遮蔽。這棵茄冬，像是一尊沉默的綠巨人，本應穩健挺立、氣勢非凡，卻不見想像中的強壯，反而透出幾分令人心疼的虛弱。

和市府同仁一同討論「與樹木共生」課題。

早年區公所前的老茄冬被建築物包圍。

樹體的大敵與現狀

槲蕨，和多數蕨類一樣，是種典型的「附生植物」，而非「寄生植物」。它不會從宿主植物中奪取養分，而是依附在岩石或樹幹表面，靜靜地生長，彷彿一位不打擾他人的旅人。槲蕨最迷人的特徵，在於它擁有兩種不同功能的葉片——一種是寬大翠綠的葉子，負責進行光合作用，吸收陽光與空氣中的能量；另一種則是細小棕色、帶有根狀結構的葉片，默默吸收空氣中微量的水分與養分，並將自身穩穩地固定在它所依附的樹木或岩石上。槲蕨的生長步調緩慢，卻擁有驚人的適應能力，即使面對乾燥以外的嚴苛環境，也能頑強地生存下來。它喜歡濕潤的空氣，對乾燥環境較為敏感；也因此，常見於潮濕的山林與古老樹幹之上。雖然槲蕨本身並不會對依附的樹木直接造成傷害，但當大量繁生、密密層層地覆蓋於樹幹表面時，便可能造成一些潛在影響——例如遮蔽陽光、籠罩濕氣，使原本應該通風乾爽的樹幹變得濕悶，這樣的環境正是腐朽的溫床。久而久之，老樹可能因潮濕環境加劇腐爛的速度，導致健康受損、樹幹結構脆弱。

老茄冬的整體樹幹，有近九成的表面被槲蕨厚實地包覆著。初見這棵老樹，只見一片翠綠層層堆疊，乍看之下，讓人以為這是棵枝幹粗壯、生機旺盛的茄冬樹；但當我們小心翼翼地清理掉蕨類的包覆後，眼前的景象卻令人震驚與心痛——原來的老茄冬早已不如想像中強健，

槲蕨將整株樹木緊緊包覆。

它的枝幹乾瘦如柴，與過去挺拔粗壯的模樣早已天差地遠。更讓人驚訝的是，槲蕨的包覆能力之強，竟然已經將整株樹木緊緊包裹成一個密不透風的綠繭。槲蕨的厚度甚至遠超過了茄冬樹本身的直徑，整體的外觀就像是「米其林標誌」般層層堆疊的綠色肌肉，然而這些令人誤以為是健康樹幹的厚實體積，其實全是槲蕨的虛假偽裝。揭開這層「保護」，我們才真正看見，老茄冬早已被歲月和附生所拖垮。尤其是槲蕨的根莖系統，更如同吸盤一般緊緊地抓牢每一寸枝幹，將老茄冬整個樹體綑綁得毫無縫隙，連風吹日曬的空間都難以穿透。這樣的纏繞不僅掩蓋了老樹的本體，也阻礙了它本該自由呼吸與更新的機會。整體清除作業極為艱鉅，無法一蹴可幾。我們需雙管齊下——一方面要細心修剪槲蕨，減輕老茄冬的負擔，另一方面也需鼓勵枝葉更新，促進老樹回復元氣。唯有茄冬本身逐漸恢復生機，枝幹重新展開，它才有力量去承載這些附生的生命。

茄冬樹是一種壽命悠長的樹種，在台灣不乏見到樹齡超過百年的茄冬，被當作「神樹」敬仰與守護。這樣的長壽與穩健，讓茄冬成為具備文化與生態價值的重要樹木。然而，若要栽種茄冬樹，首要條件便是**預留充足的生長空間**。茄冬的枝幹生長幅度寬廣，根系發展亦極為旺盛，若空間受限，不僅壓縮其自然姿態，也可能導致根系擠壓、發育不良。此外，**茄冬適合種植於通風良好的場所，但若過於悶濕，反而容易引發病蟲害問題**。其中最典型的病蟲害便是「梨偽毒蛾」的幼蟲，亦稱為細皮瘤蛾，屬於瘤蛾科昆蟲。此害蟲在每年六、七月大量出現，常成群棲息於葉背，

「梨偽毒蛾」啃食葉片，造成整株樹木的枯黃和落葉。

悄然啃蝕葉片，嚴重時會造成整株樹木的葉片枯黃甚至落葉。此外，這種幼蟲體表具刺，與人接觸後可能引發過敏或皮膚紅腫等不適，對於校園、公園或居住區域的安全造成潛在威脅。因此，在規畫茄冬樹種植時，應特別留意與建築物之間的距離，確保其活動空間。

老茄冬的在地精神

經過植栽基盤與根系引導的努力，隔年，老茄冬枝葉舒展、蒼翠茂盛，根系更是如雨後春筍般從土壤中竄出，散發著重新扎根於土地的力量。這標誌著，我們可以開始進行第二次的槲蕨清除與枝幹修剪。這一天，陽光溫柔地灑落在老茄冬的枝葉間，然而作業中不時傳來咳嗽聲——在乾燥的空氣裡，槲蕨根莖被拔除時飛揚的細小毛屑漫天紛飛，宛如看不見的粉塵，刺激著每一口呼吸。這些槲蕨總是占據最好的位置：日照充足、空氣流通、能凝結霧氣與水珠的位置——往往也是最難以觸及的高度。整日的修剪與拔除，是一場體力與耐心的拉鋸戰。傍晚時分，作業接近尾聲，承辦人員依然守候在現場，眼神中藏著擔憂與不捨，深怕這棵他們共同守護的老茄冬無法順利清除附生。

不久後，承辦帶著略顯疲憊的步伐走向我，語氣中透露驚訝又無奈地說：「老師，這麼多槲蕨層層纏繞，我真沒想到我們的老茄冬竟是這樣瘦弱，完全顛覆了我的想像……以前總聽說附生植物不會對樹木造成太大影響，但今天親眼所見，才明白並非如此。」我輕輕點頭，沒有急著回答，而是邀請他與我一起走向老茄冬。站在老樹前，我靜靜地閉上眼，像是在傾聽什麼。然後我緩緩地開口問：「這棵老茄冬，就矗立在你們辦公的中庭。你們的午餐、閒聊、下班後的短暫休憩……很多人會來這裡停留？」承辦點點頭：「是的，這裡一直是大家放鬆的地方。」我微笑說：「我感覺到老茄冬也知道這一切。它靜靜地聽著大家的談話，接住大家卸下防備吐露心情，它以此為榮。它覺得自己不只是棵老樹，而是這裡的守護者，是一棵神樹。」我頓了一下，語氣平靜卻帶著一點戲謔的提議：「或許，我們可以依照台灣的民間信仰，幫它繫上一條紅布。就像祭祀神明一樣，給它一點尊敬與肯定，也讓它知道，大家都聽見它的努力與驕傲。」

承辦睜大眼睛，難以置信地看著我，再次確認：「老師，您是說……真的要繫紅布？」我微笑點頭：「是的。當然，你們可以選擇不做，但這是我今天從它那裡聽見的心聲。我只是忠實地傳達給你們。」幾日後，承辦再度來電，語氣帶著一種溫柔的喜悅：「老師，我們今天下午選了個良辰吉時，在新任區長的陪同下，已經幫老茄冬繫上紅布了。我們想，讓它能繼續陪伴區公所的同仁與區民，守護這片土地，延續它的使命。」如今，老茄冬已悄然展現出挺拔健壯的樹姿，那枝葉舒展的模樣，彷彿正靜靜訴說著重生的力量。

在新任區長陪同下，大家一起幫老茄冬樹繫上紅布。

重生後再度展葉的老茄冬。

9 為同伴發聲——百年龍柏的吶喊

樹的等待

在台灣，大部分的日子我奔走於北部與嘉義之間，處理一棵又一棵垂危的樹木，為它們尋回生命的可能。某次，我受高雄佛光山的委託，前往寺院搶救數棵重要的老樹。也因此，有幸在佛光山靜謐的寺院中短暫下榻幾日。

那幾天，救治的工作一刻不得鬆懈。某日，助理轉發給我一封信。信中，是一位義工懇切的求助——他在一處宮廟擔任志工，眼見廟中的一棵龍柏逐漸枯死，束手無策，只能寫信求援。然而，那段期間正值佛光山搶救工作如火如荼展開，連安排一場現地會勘都困難萬分。儘管如此，這位義工並未放棄。他一次又一次寫信請託，每封信都帶著對那棵龍柏的牽掛。

這一天，佛光山的搶救作業意外地提前結束，助理告知我，三個月前曾經處理的一處寺院就在不遠處，建議利用這段空檔前往回診。我們出發了。途中，經過一間宮廟，窗外一瞥的風景，並未引起特別注意。那一晚，回到佛光山的寺院，我做了一個奇特的夢——夢裡，一棵巨大的樟樹佇立眼前，它開口對我說話：「我被花台困住了，我是老樹了，這樣的空間實在太擁擠，快撐不下去了……」我從夢中驚醒，內心震動不已。隔天一早，我望著助理說：「昨晚有棵大樟樹向我求救。這段時間若有人聯繫求助，請特別留意是否與樟樹有關。」

老龍柏枝葉乾枯，令人不捨。

我們花了大量心力完成佛光山的任務，隨即北上。十天後，計畫南下台南執行另一場救治。就在此時，助理也終於按捺不住接連來信的懇求，建議我們提前出發，順道前往那位義工所在的宮廟。抵達現場時，眼前的景象令人動容——一棵老龍柏佇立在宮廟中庭，滿頭枯黃。周遭圍繞著老老少少的村民，滿懷期待等候我們的到來。我走近那棵龍柏，看著它斑駁乾枯的枝葉，心頭一緊，不禁輕輕搖頭：太遲了。幾位廟方人員和在地耆老急忙上前，滿眼懇求地說：「老師，求你救救我們的龍柏吧，我們真的無法接受它就這樣死去……」我沉聲回應：「它幾乎已枯黃，僅存一絲氣息。即使強行救治，結果恐怕也難以挽回，而這其中的花費……可能會超出你們所能承擔。我們的團隊這三天也已排滿了台南的行程，實在難以抽身。」說到這裡，幾位老人眼中泛起淚光。他們低頭自責地說：「其實，是我們自己害了它……這棵龍柏長在一口井旁邊，地下水位高。遇到大雨，如果沒即時抽水，它就會泡在水裡。這次下了好多天的雨，我們沒來得及處理，才讓它撐不住……」話說到這裡，四周空氣彷彿凝結。村民們靜靜圍繞著老龍柏，只是用眼神不斷傳遞那份哀傷與希望，像是祈求著一線轉機。即使我尚未鬆口允諾，他們仍緊緊守著，不肯離去。他們不是不懂現實，而是不願放棄那份對老樹的情感與信念——彷彿，期待著一絲希望。

夢境中的它？

就在那時，我的目光不經意地望向廟旁另一側，隱約間，看見了一棵巨大而靜默的老樟樹。像是被某種力量牽引，我緩緩走近它。當我站在它面前，心頭驟然一震——我幾乎說不出話來。那是一種難以言喻的熟悉感。眼前的這棵老樟樹，竟與我數日前在佛光山寺院夢中所見的一模一樣——枝幹龐大、卻被花台牢牢箝制，根系無法舒展、空間逼仄、生命被擠壓得幾乎無法呼吸。我記得夢中的它哀求著：「我是老樹了，這樣的空間太擁擠，我快活不下去了……」我不禁退了幾步，再次端詳它整體的樹型與周遭的環境。然後，在一個不自覺的瞬間，我竟脫口而出：「就是你……怎麼會在這裡？」

我轉身向一旁的村民說道：「這棵樟樹……它不久前來找過我。」語畢，四周一片寂靜，眾人面面相覷。這時，助理輕聲在我耳邊提醒：「老師……那天從佛光山下山後，我們的確有經過這間宮廟。只是您那時並未特別留意……」我沉默了。夢境與現實，就這樣奇妙地交織在一起。這份連結太過清晰，清晰得讓我無法否認。我再一次望向那棵老樟樹，我明白，它並非為了自己而呼喚，而是替它的老朋友、那棵生命僅存一線氣息的龍柏發聲——因為，那棵龍柏或許早已虛弱得，連開口求救的力氣都沒有了。那一刻，我心底泛起深深的敬意與不捨。原來，在這片土地上，不只是人與人之間的情感連結深厚，就連樹與樹，也有著那麼深刻的守望與牽絆。

老龍柏是我們的精神支持

面對眼前這棵命懸一線的老龍柏，村民們的祈求如潮水般湧現。他們不是強求奇蹟，只是懇求哪怕是一絲希望——只要還有一點點可能，他們願意傾盡所有努力。我沉默了一會兒，思緒如風翻湧。心中浮現一個念頭：既然這棵樹承載著大家的記憶與情感，那麼，再難，我們也要試著一搏。這不僅僅是搶救一棵樹，更是回應一群人對老樹的深情守護。我轉向助理交代：「儘快把台南剩餘的土壤資材整備好，部分多出的材料就直接調撥過來。」然後，我轉身對村民們說：「很抱歉，我們無法立刻進行救治，只能等台南的工作告一段落後再趕來，可能會是晚上八點之後，不排除會一直做到深夜……」話音剛落，眼前一片寂靜，接著村民們齊聲一鞠躬，彷彿將所有的感激都傾注於無聲之中。那一刻，我知道，我們已經與這棵老龍柏和這片土地，悄悄繫上了一條無形的情感絲線。

隔天傍晚六點，台南的救治工作剛告一段落，團隊便馬不停蹄地趕往龍柏所在地。當我們抵達時，現場早已燈火通明，村民們如同迎接一場儀式般，靜靜地等候著。他們準備的不只是協助與熱忱，更是一份堅定的信念。夜色漸濃，我們迅速投入工作，開始清除所有已發爛的根系。儘管我們怎麼探查，也無法確認是否仍有活根尚存——這棵龍柏的情況，發臭腐爛的根系要比我們預想的還要嚴峻。但即便如此，我們沒有一絲退卻，只能在黑夜裡一點一滴地為它重建生根的希望。

在我們埋頭處理的同時，村民與在地耆老始終守候在旁。有人幫忙清運廢土，有人遞上工具，即使只是打著燈照明，也從不離場。他們的眼神中沒有聲音，但有一種近乎虔誠的守候。當我們終於完成救治的所有步驟，收拾工具時，才驚覺時間已悄然步入深夜。這是一場與時間的競速，更是一場與生命的賭注。離開前，村民再次和我們鞠躬道謝，那份情感不需多言，已深植於心。只是，在這一場救治的背後，我的心中早已有了另一個更深的計畫。

把愛傳遞下去

結束那一夜的深夜救治後，我回到住所，內心久久無法平靜。翌日一早，我便提筆寫下了一封信，一封預計在這棵老龍柏枯死後，向村民們公開的信。

這封信中，我寫下：「老龍柏，在你們滿滿的愛與守護之下，已傾盡最後一絲氣力，奮力一搏，不留遺憾。請大家放心，它並不孤單。同時，我也真心希望，村民們能慢慢接受老龍柏即將離開的事實。它的離去，並不是結束，而是另一段傳承的開始。為了延續這份深情與牽掛，我也悄悄地開始尋找下一棵龍柏，一棵能承載記憶、延續情感的新生命。願你們對老龍柏的那份愛，不止於此，而是能夠延續在未來的日子裡，繼續陪伴這塊土地。」

然而，我心中清楚，這場救治僅僅是為它延續最後的一段旅程——或許是十天，也或許，至多十四天。在村民一聲聲懇求中，我動搖了。即便知道這是無法逆轉的局面，我仍選擇回應那份「對樹的愛」——哪怕只是給予最後的一絲希望，也要讓這份愛有一個交代。我提出自費提供救治所需的材料，只為了讓村民心無芥蒂、毫無負擔。說到底，我不希望在結果難以預料的情況下，還留下任何因金錢而生的怨言。這麼多年走過無數救治現場，我太明白——當救治的費用與樹木恢復的速度不成正比時，往往會冒出那麼一點點的遺憾與抱怨。這一次，我想將這樣的可能降到最低。既然這是村民的老朋友，就讓我們無條件地去愛它、送它一程。然而同時，我默默地聯繫了業界的朋友們，開始尋覓一棵新的龍柏——一棵能夠延續這片土地精神的新生命。當時機成熟，這棵新龍柏將接下前人的記憶與重量，在這塊土地上再次扎根、挺立，迎接下一個百年。

迎接新龍柏

原本的老龍柏，每逢大雨總是一場嚴峻的考驗。根據廟方描述，他們多年來安排志工，只要大雨連續數日，便定時抽水，避免根系長期浸泡。然而，種植時若未能真正考慮「適地適木」，即使再細心的照料，也可能敵不過環境的挑戰。**龍柏屬於淺根性樹種，不僅抗風能力較弱，在強風地區時常見其傾斜；再者，根系密集，若遇連日豪雨導致積水、腐爛，將無法啟動養分運作，終至黃化或枯損。**

這棵老龍柏，在廟方多年悉心守護下，長久陪伴著地方信仰與記憶，卻因一次抽水的疏失，讓它深受重創，回天乏術。這樣的遺憾，對村民而言，是一份沉重的心結。失去老龍柏的日子裡，當收到業界朋友無償捐贈龍柏的消息，廟方立即安排前往選苗。也許冥冥之中自有安排，在眾多樹苗中，他們挑中了一棵外型神似舊龍柏的樹，彷彿老友再現。然而，新龍柏若再種回原址，又將再次面對同樣的環境挑戰。未解的排水問題，加上當時正值南部酷熱的盛夏，移植風險高，稍有不慎即可能再度損傷。為此，廟方集結地方志工與信徒們，展開全新的守護行動。

那日一早，鄰近的阿公阿嬤便開始編織竹籬，為新龍柏構築保護屏障。基地的積水清除、排水工程的處置、不良土壤的挖除一一進行。因基地低窪，為避免表層積水，改以土丘式栽植，營造良好的排水條件。新龍柏到來之際，眾人齊聚迎接，像迎來新的生命、新的希望。當龍柏從卡車緩緩吊下、移至新植地，村民們自發圍成一圈，幫忙扶正、覆土，那份專注與團結讓人動容。竹籬隨後也由志工們合力完成，圍繞著這株新生命。

志工們合力完成圍繞著新生龍柏的竹籬。

那一刻，龍柏不只是植物，更承載著村民們的心意與承諾。完成移植後，我叮囑後續養護的方式，特別對當初疏於抽水的阿北說道：「這段時間，水一定要顧好。撐過兩個月，它會自己適應的。有異常，隨時聯絡。」阿北聽完，滿臉憂心地回應：「老師，沒有人夏天種龍柏啊，我自己也種過樹，這真的會成嗎？」我笑著說：「相信我，按照方式去做，它會挺過來的。」阿北鄭重點頭，那一刻，我知道，他會是新龍柏最可靠的守護者。

三個月過去，半年過去，一年後，如今已超過兩年，新龍柏枝葉舒展、樹勢旺盛，早已穩穩立足於此地，儼然承接了老龍柏的精神與使命。當我再度回診，阿北一臉難掩的喜悅對我說：「老師，這真是不可思議！我原本半信半疑，結果越顧越有信心，真的是謝謝你給我機會。」今日，再次走訪這株龍柏，我靜靜站立在它面前，望著它挺拔的姿態與翠綠的枝葉，心中滿是欣慰與感動。「龍柏啊，請你繼續守護這片土地，陪伴這群摯愛你的村民們，走過下個百年吧。」

新植龍柏展現翠綠枝葉。

老樟樹的救治與恢復

當龍柏順利移植後，我們卻發現，一旁的老樟樹枝葉日漸泛黃，顯得無精打采。宮廟的志工也說，這棵陪伴村落多年的老樟樹，近年來似乎逐漸衰退，出現了他們從未見過的異狀。曾有善心民眾擔憂樟樹健康不佳，試著施用肥料希望改善狀況，但情況始終沒有起色，甚至越發惡化。

我們展開土壤檢測後發現，這棵老樟樹被困在一座小花台裡，根系下方已是原土與無法拆除的水泥基盤，它就像被關在窄小空間裡的長者，在無法自由呼吸的土壤中，勉強地生長著。當我們說明這些狀況後，廟方十分震驚，也深怕老樟樹會逐步枯萎，立刻請人將水泥花台全部拆除。當花台一敲開，我們看見盤根錯節的根系密密麻麻地盤踞在狹小空間中，像是多年來不斷尋找出路卻無法離開的孩子，蜷縮在困境裡。而這些根系，由於長期被包覆，水分無法排出，土壤處於積水狀態，導致樟樹長期缺氧，根腐葉枯，難怪枝葉退化、枝幹乾枯甚至落葉不止。然而，真正的挑戰從拆除花台那刻才開始。盤根的處置不是一朝一夕的工程，它需要精細地修復與誘導，以刺激新的根系生長。這樣的治療過程，至少要三個月以上，甚至一年才能見到明顯的變化。在這段恢復期內，樹體本就能量微弱，無法承受任何額外的負擔。我們因此選擇不立即修剪，儘管也有村民提出疑問，認為適當修剪也許能刺激生長。然而，**樹木的修**

剪，必須考量整體的生命能量，一旦過度修剪，反而可能造成更大傷害，甚至導致整棵樹的死亡。於是，我們採取分階段、漸進式的療法，讓老樟樹有時間與空間，慢慢修復、重建它的生命系統。

經過一年多的守候與照護，我們再次回到樟樹身邊。這一次，迎接我們的，是那熟悉又久違的翠綠——枝葉再度舒展、樹勢轉強，彷彿重新復甦一般。它不僅挺過了生命的低谷，也在歲月的試煉後昂然站立，準備迎接下一個百年。這棵老樟樹，曾為身旁的朋友——那棵龍柏——發出沉默的吶喊；而如今，在守護與耐心的陪伴下，它也找回了自己的力量，繼續庇佑這片土地的風雨歲月。

重新復甦、舒展枝葉的老樟樹。

10 佛寺的樹木——慈悲與傳承

佛學院交流與萌芽的種子

相較於公園裡的樹木，寺院中的樹，更是一種心靈的療癒。

佛教，自古以來便與庭園的發展有著不可分割的深厚關係。甚至可以說，日本庭園的誕生，也與佛教的傳入息息相關。日本在遠古時代，人們與自然共生，將身邊的山川草木視為神的化身，對其心懷敬畏與感恩。例如，將巨石視為神降臨之地的「磐座」，將池塘比擬為大海而祭祀海神的「神池」，甚至是象徵神靈居所的「神之島」等，這些自然崇拜的象徵，也正是後來日本庭園的源流。換句話說，日本庭園的起源，是對自然的一種信仰與敬仰。時至唐代，日本多次派遣遣唐使前往中國學習文化與宗教。當時的僧人初次踏上長安、洛陽，見證了綠蔭大道與宏偉庭園的盛景，深深為這些國際大都會的景致所震撼。據說，有僧人在參與武則天舉辦的宴會後，被後院宛如仙境般的庭園所感動，於是將這樣的景觀理念與種植文化，一同隨著佛教帶回了日本。

提及日本庭園，其中禪宗與庭園之間的連繫尤為深刻。尤其是臨濟宗的寺院，庭園數量之多、造景之精緻，令人驚嘆。相對之下，曹洞宗的寺院中，則幾乎見不到庭園的身影。這背後的原因也極具哲學意涵：曹洞宗主張「面壁坐禪」，修行時面對牆壁，心無外物，不設任何集中對象。對於這樣的禪修而言，庭園反而可能成為干擾，因此不予設置。而臨濟宗則不同，其禪修方式不局限於面壁，而是著重於從心的觀照與感悟，庭園於是成為觀照自然與自我心靈的鏡子。這樣的思想，也培育出許多禪宗寺院中深具意境的庭園。被譽為「禪與庭園之祖」的夢窗疏石（一二七五－一三五一），便是臨濟宗的高僧。他不僅是禪學大師，更是枯山水造園技藝的集大成者。所謂枯山水，即是在無水的庭園中，用白砂、石塊等物象徵水流與山川，凝練出一種超然靜謐的自然意境。禪宗理想中的修行場所，是遠離塵囂、隱居山林的自然天地。然而，在都市或室內修行的情境中，便需借由庭園重現理想中的自然之境，讓庭園也成為修行的一部分。

多年前受佛光山佛學院之邀，有幸以「佛教庭園與樹木之間的關係」為題進行演講。在講座中，我再次提及臨濟宗在庭園藝術上的深厚造詣。回望那個時代，許多臨濟宗的高僧，不僅是佛法的修行者，更是庭園與樹木造景的大師。他們以自然為師，透過山石、流水、草木的觀照，體悟無常之理，感受順應自然的智慧。在這樣的脈絡下，我也對台下的佛學院學生們說道：「佛光山屬於臨濟宗的傳承，你們的前輩，一位位都是愛樹、愛自然的大師。他們不是只是崇尚自然，而是與自然一同呼吸、一同生活。你們也應學習這份心意，學會感受自然、親近自然，並付出行動去守護每一株樹木、每一方土地。」話語落下，座中的學生們報以熱烈掌聲，眼神中流露出真誠的喜悅與學習的渴望。他們的歡喜與期待，讓我深深感受到，對自然的愛與尊重，其實早已

多年前受佛光山佛學院之邀前往演講，講述「佛教庭園與樹木之間的關係」。

在這群年輕的心中萌芽。我相信，未來的他們，將不只是佛法的繼承者，更會是自然的守護者，讓佛法與大地共生，讓慈悲也蔓延在枝葉之間。

尊重樹木——共生的價值

山徑路旁枝葉凋零的老樹。

寺院的師父帶領我們前往山徑旁的一棵老樹前，說這是一棵「非常重要」的樹。乍聽之下，我以為會是某種稀有珍貴的植物，然而眼前的它，卻是一棵形貌普通、甚至已顯衰敗的樹。但正如師父所言，重要與否，從來不在於樹種的稀有與否，而是來自「尊重」的初心。

這棵樹位於通往山上的道路邊，一個急轉的大彎處。樹冠枯黃，枝葉凋零。師父問我：「老師，這棵樹還救得回來嗎？它對我們來說意義非凡，有著它的故事。」他說，當年開山闢路時，這裡原本並不需要這樣一個大迴轉。直線鋪設更為便利快速，卻因為這棵樹的存在，大師（星雲大師）堅持道：「這棵樹原本就在此，我們不該因為施工方便就將它砍除，反而要想辦法保護它。」於是，整條道路為了它轉了一個彎，只為讓它繼續活在原地。這份慈悲與尊重令人動容。但多年來，寺方嘗試了各種方法——施肥、加有機質、灌酵素……樹木卻仍舊日漸枯萎，生命力幾乎消失。師父一臉焦急：「我們不知該如何是好……」我靜靜站在這棵九丁榕前，這是桑科榕屬的一種大喬木。人們常以為榕樹頑強、不需照料，但實則若地基條件不良，它也會無力成長。這棵九丁榕從樹冠開始衰退，枝葉凋落了六成以上。表層根系也已退化，難以吸收水分與養分。更嚴重的是，過度擔心導致的「過度照顧」。那些尚未完全發酵的有機資材若直接混入土壤，反而會造成燒根、惡化土壤結構。這正是人們常犯的錯誤：一**遇到植物衰弱，便急於補充養分、灑藥灌劑，卻未真正理解導致植物虛弱的根本原因。**

師父聽完我的分析，神色凝重：「既然如此，那我們馬上行動，不能再讓它這樣下去。」於是，我們開始根系周圍的開挖，徹底清除積水與障礙物，重新規畫排水設施。原來，長年積水無法排出，加上土壤中混有廢石與磚塊，是導致根系無法呼吸、逐步凋亡的關鍵。數月後，奇蹟開始發生。枯黃的枝頭開始冒出新芽，翠綠的葉片重新綻放。兩年後，這棵曾經病懨懨的大樹，如今挺立在轉彎處，枝繁葉茂，氣勢恢宏。這不只是樹木的重生，更是一個道場慈悲與智慧的體現。一棵被尊重而非犧牲的樹，因信念而得以延續生命。

桃花心木的主人

寺院一處廣場上，種植著數十棵高聳挺拔的桃花心木，它們整齊地排列，宛如沉靜佇立的守護者，是這片廣場最引人注目的主角。師父指著這一株株樹木，深情地說：「這些桃花心木，從小苗時期就是大師親手種下的。換句話說，是大師賦予了它們生命，他是這些樹的主人。」然而，儘管這些樹木已經遷植至此多年，卻遲遲未見成長。寺院方試過各種方式，始終無解，遂懇請我來為這些樹診察一番，希望能解開這困局。

桃花心木，原產於中美洲與南美洲，是楝科桃花心木屬的珍貴樹種之一。它們能長成高

土壤中的廢石和磚塊，導致根系難以呼吸。

清除積水與障礙物、重新規畫排水設施，翠綠的葉片也重新綻放。

覆土過高、水泥鋪設超乎預期，是台灣植樹的一個重大問題。

遷植過後、未見成長的桃花心木。

達四十五公尺、直徑二公尺的壯麗巨木。枝葉濃密，羽狀複葉隨風搖曳，結出的果實內密藏無數種子，形似螺旋槳的翅膀，會隨風翩翩旋落，如自然的舞者。這是一種喜歡陽光與通風的樹，生長迅速，但有一項致命的弱點——怕積水。若根系長期處於積水悶熱的環境，便容易衰弱甚至枯萎。我走近這片廣場，仔細查看每一株桃花心木的生長狀況。果不其然，它們不是因為缺乏肥料或照顧不周，而是深陷於台灣常見的一個問題：覆土過高，水泥鋪設且情況遠超預期。這是一種經常被忽略的錯誤——

為了讓樹木站得穩，有時會選擇在樹根周圍堆高土壤，以壓實固定，避免傾倒。但這看似穩固的處理，卻讓表層根系長期處於缺氧環境，影響其呼吸與吸收功能；更嚴重的是，覆土若覆蓋到樹幹基部，會造成腐爛，一旦腐蝕侵入主幹，樹木便可能在無聲無息中倒下。尤其是如桃花心木這種木質密實的巨木，倒下所造成的損害，絕非小事。

雖然寺院當初已為這些樹保留了植栽空間，但若未解決覆土與水泥鋪設問題，它們終究無法健康成長。然而，要清除這些多餘的土壤，重新整理根部環境，卻絕非一件輕而易舉之事。這不只是修復一棵樹的行動，而是對大師用心所種、對自然生命的延續，所抱持的敬意與責任。在靜靜矗立的桃花心木間，我感受到那份傳承的溫度——**生命被託付，也需要被守護**。

救治與疑問

面對覆土過高的問題，我們並不能貿然開挖。對於任何一棵樹而言，不論品種或年齡，每一次開挖都是一次極大的壓力，更遑論這些長期被深埋的桃花心木。土壤包覆了它們呼吸與生長的空間，開挖過程勢必會牽動根系，傷害幾乎難以避免，治療也因此變得更加艱鉅。

這一天，我們站在廣場上，經過現場反覆的評估與權衡，決定啟動開挖工程。這場復原之路預計至少需時十天，無論是濕潤的雨季，還是烈日當空的酷暑，我們都準備踏上這段艱辛的旅程。隨著一棵棵樹周圍的土壤被小心移除，眼前逐漸顯露出驚人的事實：最深的覆土層竟高達一米半，其他也多在八十公分左右。換句話說，這些厚重的土層如同沉默的枷鎖，長年壓抑著桃花心木最需要呼吸與擴展的根系，將它們困在無聲的窒息之中。當多餘的土壤被移除後，每一個植栽花台像是月球表面般，顯現出一個個空洞。然而，在這樣令人心疼的景象中，我們也感到些許安慰——主幹尚未腐朽，僅止於表層樹皮出現潰爛與剝落，尚有挽回的可能。

但更令人震驚的是，地表下原本應該密布的細根早已不復存在，

最深的覆土層竟高達一米半，其他也多在八十公分左右。

只剩下稀疏的老根與零星的細根。因長期缺氧，讓根系生長幾乎完全停止。這些桃花心木就像是長期飢餓的旅人，在苦難中耗盡了儲存的能量，連撐起枝葉的力量都所剩無幾。曾經被期待長成茁壯的樹，如今卻瘦弱如影，只因過度的「保護」反而成了壓迫。每一棵桃花心木的身姿彷彿——渴望重新呼吸，再次生長。

在這段救治桃花心木的日子裡，每當清晨聽著鐘鼓聲，踏上前往現場的路途，我總會穿過寺院靜謐的林蔭小徑。四周是沉默不語卻始終陪伴著我們的樹木，我邊走邊觀察、診斷，有時輕聲與它們對

翻開覆土，地表下只剩稀疏老根和零星細根。

話，像是對老朋友輕輕地鼓勵與讚美。這些樹木於我而言，不僅是植物，更是溫柔而無私的伙伴。它們不言語，卻日復一日地為環境默默付出，淨化空氣、供給清新的氣息，開花時悄然綻放香氣，撫慰每一位願意佇足停留的人。正當我靜靜欣賞著一棵棵挺立於晨光中的樹木時，一位面帶謙和微笑的師父走向我。雖然素未謀面，他卻誠懇地低聲道：「老師您好，久仰了。我和老師一樣深愛樹木，但總覺得自己對樹木的理解還不夠，甚至有時用了錯誤的方法照顧它們。在寺院裡，我負責綠化與樹木的維護，一直希望能多學一些相關知識。沒想到今天在這裡能見到老師，是否可以請教您一些疑問？」

我報以微笑，溫和地說：「當然可以，請您儘管問。」師父便道出他的困惑：「我管理的區域裡，有些樹得了褐根病，也就是俗稱的『樹癌』。有人說只要灌藥就可以救活，這是真的嗎？」我凝視著他，語氣沉穩地回答：「若發現樹木感染了褐根病，最重要的不是灌藥，而是要第一時間將其隔離，避免蔓延。這種病菌會在土壤中擴散，不隔開便可能波及更多健康的樹木。」師父再問：「那還有可能救嗎？」我笑了笑，略帶深意地說：「那也要看樹木自己是否還有求生的意志。褐根病，其實也是自然界的一種篩選與淘汰。有些體質健全的樹能夠避開感染，而容易染病的，多半原本就比較衰弱。我們常會對土壤進行消毒，但這只是針對病菌環境的控制，並不代表能將病入膏肓的樹拉回來。」我頓了頓，又說：「**當樹已經重症，要治療它必須耗費大量資源與心力。這時我們就得衡量它的年齡、價值與生命的承擔力。若是原本就**

體弱的樹，過程中所承受的壓力也可能讓它難以支撐。樹木擁有難以測量的智慧，我們人類，頂多只是它們的輔助者，從未能真正主宰它們的命運。」師父聽後點頭沉思，接著問道：「那麼，我們該如何讓樹木健康地成長？」我望著遠方那些迎風搖曳的樹影，語氣柔和地說：「越自然，越好。違背自然的照顧方式，就是在給它們添加負擔。過度施肥，其實是我們一廂情願的想法。樹木是節制而不貪的生命，它們只吸收自己所需，過多的肥分反而會傷害它們。比起施肥，我更相信關懷。給它們適時的水分、恰當的修剪，讓它們順應環境，自然就能茁壯。」

桃花心木的傳承

我們都知道，桃花心木是生長快速的樹種，但當它走過年少輕狂、邁入壯年，生長的速度也不再如以往那般迅捷。在經歷了環境的限制與生長的挫敗後，它們的恢復力逐漸降低，也就更需要我們以更多的耐心與關懷，靜靜守候它再次茁壯的時刻。開挖結束的那一週，是關鍵期。我們心中難掩憂慮——擔心動土所造成的根系創傷，也擔心土壤環境的劇變會讓枝葉枯損。我們將每一棵樹視為病患，密切觀察回診的每一個指標。有時，也需再度調整根部結構，讓新生的細根有更順暢的發展空間。半年之後，桃花心木經歷了自然的落葉期，就像是在沉澱過去的創傷；隨後，迎來新芽破土的時刻。那一抹抹翠綠，是樹的回應。當枝葉再次展開到一定的程度，我們決定小心翼翼地進行根系的調查。而那一刻，我們驚喜地發現——原本乾枯的根系，在截除病根後，表層竟已密布新生的細根，像是一場靜默卻壯闊的生命復甦。這些新根，正是支撐起整片枝葉的力量，是桃花心木再次啟動生命能量的象徵。自此之後，半年、一年，我們持續追蹤它們的成長，進入第二年時，整體的救治也逐步走向尾聲。那一日，我獨自走上廣場前方的大樓，自陽台俯瞰這片曾經是無生氣的樹冠群，只見桃花心木繁茂蒼翠，枝葉間透著陽光，隨風搖曳，彷佛正輕聲訴說著重生的喜悅。那一刻，我深深感動，這片綠意的回歸，不只是技術的勝利，更是信念的結果——感恩星雲大師，親手種下這些桃花心木，將生命的種

桃花心木救治後。

桃花心木救治前。

桃花心木世世代代守護寺院，成為永續傳承。

子深植於這片土地，讓它們世世代代守護著這座寺院，成為永續的傳承。

種樹者的壽命，也許不及樹木的百年長壽，但他所種下的，不只是樹，更是一份愛、一份願景、一份對未來的祝福。種樹者，也像是那棵樹的父母，與它建立了一種親子般的連結。看著它成長、開花、結果，那是一種難以言喻的喜悅與成就。當種樹者離開人世，這棵樹便接過守護的責任，靜靜地陪伴著種樹者的後人，繼續庇蔭一代又一代，成為這片土地上的一位無聲長者。

植物與動物不同，它們從不主

動傷害其他生命，為了自身的生存，選擇的是包容與靜默。它們，是「不殺生」最純粹的實踐者；同時，也是利他最無私的典範。它們的存在，就是一種溫柔的堅持，一種無聲的愛。

11 菩提樹——無可替代

失去聖菩提樹的痛心

這一天，我們醫護人員一行人南下中部，為尋找樹木救治所需的材料。正當返程途中，車子行經苗栗，陽光從樹影中斜斜灑下。就在這樣的氛圍中，助理的手機突然響起。電話那頭傳來急促又帶著焦急的聲音：「請問老師在嗎？我們有一棵很重要的樹，它快死了……老師可以過來看一下嗎？」助理猶豫著回答：「今天我們還有其他行程，可能要改天……」但對方語氣更加懇切，說明情況十分緊急。

我在一旁靜靜聽著，也望了望窗外熟悉的路牌，心中一動，便開口問：「下一個行程是什麼時候？如果現在不去，恐怕來不及了。不然，午餐就別吃了，我們先過去看看那棵樹吧。」當我們趕到現場，映入眼簾的一幕，令人心頭震顫。一棵龐然大樹，就這樣橫躺在地，枝幹散落、葉片枯黃。它曾經聳立於此，庇蔭一方，如今卻無聲倒下，彷彿大地也陷入一片靜默。我走上前，凝視著那棵倒伏的大樹，問學校的承辦人員：「這棵樹怎麼會倒？它倒下已有一段時間了，為何沒有及時扶正？怎麼能眼睜睜看著它整棵枯萎？」對方神色凝重地說：「我們……真的不知該怎麼辦。當時風很大，它忽然就倒了。我們怕強行拉回會折斷枝幹，卻也不知道放著是不是能活下來……就這樣，一放就是半個月……直到葉子也都乾了……」承辦人說著說著，語氣

橫躺在地、枝幹散落的龐然菩提樹。

哽咽，眼眶泛紅：「老師，這棵樹……它不是普通的樹，它是我們學校的聖菩提樹……那位親手種下它的長者，在幾個月前已圓寂了……我總覺得，好像他也將這棵心愛的樹帶走了……」我默默走近這棵聖菩提樹，輕輕撫觸它乾裂的樹皮。風拂過殘枝，發出沙沙聲響，如同低語哀鳴。根部撕裂的痕跡還清晰可見，像是受了重傷的身軀，靜靜躺在原地。我們小心翼翼檢視每一處枯損，只為尋找那一絲絲生命尚存的跡象。

然而——連一點點氣息都沒有了。我沉默了很久，最後輕聲說：「它……已經走完了它的旅程。」承辦聲音顫抖：「老師，它真的沒機會了嗎？這是學校裡僅存兩株的聖菩提樹之一……現在倒了一棵，我們真的無法接受……」我理解他們的痛，也感受到那份無力與遺憾。這不僅是一棵倒下的樹，更是一段信仰的寄託、一位故人的情感延續。我輕輕地點頭，傳達著滿滿的無奈。承辦人依舊無法接受眼前的事實，眼神充滿著懊悔與不捨，再次追問：「真的……一點辦法都沒有了嗎？」我沒有立即回答，只是靜靜地走向倒臥的大樹，回頭

仔細查看，老菩提已無絲毫生命氣息。

草坡上的倖存菩提。

望向助理，語氣平穩卻堅定地說道：「車上不是還有我們稍早準備的資材嗎？……先讓這棵樹用吧！」我們一行人便立即動了起來，有人搬器材，有人挖土施作，承辦人也脫下外套捲起袖子，加入我們的行列。處理到一個階段，我走到承辦人身旁，輕聲說：「我們已經盡力了……這棵樹，如果它的生命還有一絲餘韻，也許在某一天，它會悄悄冒出一抹嫩芽。但這一切，終究要看它自己——是否還存有想活下去的力量。」

我話音剛落，目光不自覺地望向遠方的斜坡。「還有一棵聖菩提樹的位置在哪？」我問。承辦點了點頭，指向不遠處的草坡上。原來，這兩棵樹曾並肩守望，如今只剩一株仍傲然挺立。我心中湧上一股難以言喻的感受。那棵倖存的聖菩提，就像失去兄弟的守望者，一個人獨自面對未知的風雨。它腳下的土地，是柔軟的草坡，卻也潛藏著傾倒的風險。我走向它，環視它的枝幹、葉片、樹皮與根頸，仔細地、一絲不茍地診斷調查。不是因為懷疑，而是因為害怕我們再也承受不起第二次的失落。

搶救僅存的聖菩提樹

並不是所有的樹，都適合被種在斜坡上。那或許是陽光充足的環境，但也意味著得面對無情的風雨；那或許排水良好，卻也容易失去珍貴的水分與養分。而種在邊坡的樹，更是直接面臨生存的挑戰。根系是樹的生命支柱，而斜坡的重力、貧瘠的土壤、時而沖刷而過的雨水，都會影響根系的發展，甚至危及其抓地的能力。當大雨挾帶著土石流襲來，裸露的根若無法承受，整株樹便可能隨坡而下，走向無聲的毀滅。換句話說，邊坡上的樹，頂著風，承受雨，默默地用根與土地對話，握住每一寸能讓自己存活下來的空間。但不是每一種樹，都願意接受這樣的挑戰。

眼前這棵僅存的聖菩提樹，便讓人無比憂心。它站在被侵蝕的土坡上，腳下的土地早已貧瘠、板結，甚至裂痕累累。它的根，在土地中急切地伸展，彷彿想觸及更寬廣的生命空間。

出乎意料的稀疏根系。

而隨著樹幹與樹冠日益茁壯，坡地的重力，也如無形的手，時時拉扯著它的平衡。這是一種生命的自覺——它知道自己必須更堅定，才能不倒。承辦人站在我身旁，語氣帶著懇求地說道：「老師，我們真的不能再失去它了……若這棵聖菩提樹有任何生長問題，我們願意立刻進行養護與保護，只求它能好好地活著。」一個月後，我與團隊再次回到這棵樹的身旁展開救治工作。那一天，校園寧靜得近乎虛無。沒有喧囂，只有風聲、鳥鳴，和樹……的聲音。樹，是有聲音的。只是我們太久未曾傾聽。我們常說，樹木擁有五感療癒的能力。除了能被人直接感知的視覺、嗅覺、味覺與觸覺，其實——它們也能「以枝葉的聲音」，與我們交流。那天，我特別感受到這棵聖菩提樹，當葉片受微風吹動拍打的清脆聲，一陣又一陣，展現了它的療癒力量。我忍不住閉上雙眼，那聲音像是大自然中溫柔的流水聲，每一次拍擊，彷彿都是另一種療癒音樂。

這棵聖菩提樹的根系，出乎意料地稀疏。當我將現場狀況說明給承辦人員時，他無奈地搖頭嘆道：「當初建校時使用的土壤就不是理想的土，更別提這個坡面了……」簡單一句話，道出了問題的核心。這處坡地的土壤，堅硬如石，甚至可說與水泥無異。當初種下這棵菩提樹時，它還只是稚嫩的小苗，或許誰也沒預料到，隨著歲月推移，它會長得這麼高大。但根系卻無法向下扎根，只能勉強在表層盤旋擴展。面對日益強烈的風勢，它終究撐不住，轟然倒下——如此悲劇，其實並不令人意外。這次的事件，讓我們深切體會到一件事：樹木的生命，不只是來自枝葉茂盛，更深藏在看不見的根系之中。而根系是否能穩固發展，關鍵就在於土壤。這棵聖菩提樹的傾倒，是一次痛徹心扉的教訓，也再次提醒——**植栽的開始，土壤永遠是最根本、也最不能忽視的一環**。

歷經半年悉心救治，它終於重新發芽，接著慢慢展葉。那一片片新綠，不只是枝椏上的復甦，更像是心靈的重生——回應著生命的召喚。

聖菩提樹的來歷

玄奘大學校園內的「綠茵坡」上，南北兩端靜靜佇立著兩棵極為珍貴的菩提樹。它們不像一般樹木那樣喧囂張揚，卻蘊含著深厚的歷史與信仰的能量。這兩株樹的根源，來自佛教聖地——斯里蘭卡。民國七十七年，玄奘大學尚在籌建初期，創辦人「上了下中長老」特地從斯里蘭卡迎來這兩株菩提樹的幼苗，親手栽種於此，期盼佛陀成道的靈氣與智慧，在這片教育沃土中深深扎根，世代相傳。

追溯其歷史，釋迦牟尼佛約在西元前五百年於印度伽耶的畢波羅樹下覺悟真理，自此，此樹便被尊為「菩提樹」，成為佛教徒心中至高無上的象徵。至公元前三世紀，印度阿育王之女、比丘尼僧伽蜜多，將菩提樹的枝條帶往斯里蘭卡，在安那羅陀城成功繁植，這就是佛陀成

走過半年救治歷程，重新發芽展葉的菩提樹。

道的「第二代聖菩提樹」。

歲月更迭，到了西元一八七〇年，後人再從斯里蘭卡剪取枝條，移植回佛陀成道之地——菩提伽耶，此為「第三代聖菩提樹」，如今已長成一株蒼翠挺拔的古木，靜靜守護在摩訶菩提寺的聖地中。一九八八年，斯里蘭卡高僧、世界佛教僧伽會祕書長「偉波拉沙拉法師」，將兩株第二代聖菩提樹枝條帶來台灣，並一併奉贈兩顆佛舍利，致贈給玄奘大學創辦人「上了下中長老」，象徵佛法東傳的殊勝與法脈傳承的延續。兩株分枝自此落腳玄奘，成為全校師生心靈的寄託與祝福的依歸。然而，一場突如其來的強風吹襲，使這棵北端聖菩提樹轟然倒下，更如實呈現了無常的佛法真義。面對這一變故，校方並未止步於追憶，而是積極展開搶救與復育工程，只為延續聖樹的生命與意義。

聖菩提樹的孩子，回到媽媽的家

聖菩提樹悄然傾倒，原本寄望引導的小苗，結果並不樂觀。眼見昔日枝繁葉茂的聖樹倒下，傳承似乎也走到盡頭。就在我們仍深陷於失落與無奈時，一封來自民眾的信，像晨曦般，悄悄照進我們的心中。他說：「我每年都會到聖菩提樹下撿拾它掉落的種子，直到去年，我成功培育出十二棵小苗，送出了十棵，目前自留一棵，尚有兩棵在手。若學校有需要，我願無償捐出，讓它們回到原本的土地。」這段話，讓我們內心激動得難以自已。原來，在我們尚未察覺的時光裡，有人默默守護著菩提的種子，用心灌溉每一分微小的希望。更巧的是，這些種子正是在聖樹倒下的前一年撿回，那年果實豐盈，這批種子，也成了最後一批。我們無比珍惜這份巧遇與慈悲，更深深感謝這位民眾的善念與付出。我誠摯回信道：「先替學校向您表達最深的感謝。母樹的倒下，是全校無法彌補的痛，而您願意捐贈這幾株幼苗，為我們帶來了一線希望。這份心意，讓人動容。曾有多少人為這棵倒下的母樹流下熱淚，如今有機會，讓它的子代能回到母地，重新展

成功培育十二棵菩提新苗。

開生命旅程，非常感恩。」願這幾株菩提小苗，承載著記憶、祝福與信仰，在綠茵坡上再次生根發芽，延續聖樹的生命力。

12 菩提樹——移植的負擔

對樹而言，移植是大事

移植大樹，對樹而言，是一場生命的遷徙。

在北投，覺風佛教藝術園區正如火如荼籌備開發。這片土地上，結合著日本建築大師安藤忠雄的設計意匠與自然共生的理念，試圖打造出一處靜謐而充滿靈性的生態園地。隨著園區工程即將啟動，原本靜靜佇立在基地上的一棵聖菩提樹，必須搬遷——這棵來自斯里蘭卡的聖樹，是園區創立以來，師父最為珍愛的一棵樹。

那天，當師父聽聞這件事時，語氣中帶著焦急與不捨：「這棵菩提樹要搬家……來得及嗎？只剩這麼一點時間了……」我沉靜地向師父說明：「移植樹木，不是一件簡單的事，尤其

來自斯里蘭卡的聖樹。

是像這樣靈性深厚的菩提聖樹。我們必須先進行斷根與養根等多道程序，每一個環節都關乎生命的延續。一旦處理不當，樹很可能會因此枯損，甚至回天乏術。」

移植，從來不是單純的「挖起來搬走」。許多人誤以為，只要小心挖出樹根、不傷到主幹，樹木便能繼續存活；但事實遠比想像複雜。不同的樹種、年齡、健康狀態與所處環境，決定了它們對移植壓力的承受程度。有些樹木即便只是挪動短短一公尺，卻可能因根系受損或環境驟變而逐漸枯萎；也曾見過某些老樹，彷彿對原地依戀至深，離開熟悉的土壤後悄然凋零。對我們而言，「移植」是一門結合植物生理與土壤學的專業技術；但對樹而言，這是一場生命的劇變，是一次重生的考驗，更是一段踏入未知的旅程。所謂移植，並不只是改變生長位置，更牽動整個生命體系的重新適應與重組。如果缺乏縝密的規畫與準備，這段遷徙的過程對樹木而言，可能就是一場難以承受的災難。因此，移植絕非臨時起意的工程，而是需要時間與耐心堆疊而成的過程。最關鍵的第一步，就是「斷根作業」。透過階段性、漸進式的斷根，不僅能刺激樹木提早啟動細根再生機制，更讓它在未來移植時，能攜帶一個具備吸收能力的根團，穩穩地站穩腳步。

斷根的時間與移植的時機密切相關。若在春季進行斷根，落葉樹適合在秋季至翌年春初間移植；常綠樹則多在翌年春天至梅雨季間進行。從斷根到真正移植，往往需要超過一年以上的規畫與等待，這段過程絕不能操之過急。當我們所面對的是百年老樹、珍貴樹木，或是對環境極為敏感的樹種，這樣的準備就更顯重要。為了提升存活率，我們會在移植前預先斷根，幫助它在熟悉的土地中先養出新的細根，屆時即使脫離原生土壤，也能帶著自己的支撐系統，穩健前行。雖然並非每一棵樹都需要斷根，但對於樹高超過兩公尺、種植年限超過五年的樹木而言，這是一道幾乎不可缺少的工序。透過這項細緻的準備，不僅能大幅減少枯萎風險，更是為它的下一段生命旅程，鋪設出堅實的起點。

因為——移植，不只是移動一棵樹，更是為它重啟一段新的生命開始。

預備搬家的菩提樹

面對一場倉促的移植行動，樹木所需要的，從來不只是移動工具或人力，而是一場與時間的拔河。眼前這棵菩提樹，雖非百年老木，卻也是壯年茁壯的貴重樹種。即便如此，面對突如其來的環境改變，風險從不為零。對於珍稀植物而言，任何一絲閃失，或許都可能換來無法挽回的失去。我們首先為這棵樹進行了健康診斷——不是單憑外觀，而是從根部著手。若樹體本身已顯衰弱，強行移植只會加重傷害，導致枯損。診斷的核心便是根系的健全程度，因為唯有強健的根，才能支撐它在陌生土地上重新站穩腳步。確認菩提樹具備足夠生命力後，便進入最關鍵的一步：預先斷根。藉由切除部分根系配合環狀剝皮，刺激細根重新萌發。若能順利長出新根，樹木的移植時機便水到渠成。

然而，根的再生能力並非絕對，它與樹種特性、生長狀況，甚至當下的氣候密切相關。若樹木原本已有衰弱傾向，則細根的萌發時間將拉長，過程也更為艱辛；反之，若原本健壯，則有機會在短期內重展新根。**這一連串作業——從診斷、斷根、養根到判斷移植時機——涵蓋了樹木的生理、節氣的選擇、技術的精準，以及養護的耐性，缺一不可。**眼下，留給我們的時間不到兩個月。如何讓這棵菩提樹在有限時間內萌發新根，成為移植成功與否的關鍵所在。當工作人員細心地進行斷根時，雖然土壤表層細根不多，但四周的支持根卻異常強健。這為我們

切除部分根系配合環狀剝皮，才得以重新長出細根。

爭取到了希望。我們小心翼翼地進行了環狀剝皮，是為了促使根部在受刺激後，加快生長新的細根。如此一來，當它被移植至新環境時，能以最快速度建立起新的生命連結。完成後，我們細心覆土，為它創造一個安穩的休養空間。此後，我們將定期回訪，觀察發根情形，掌握移植的最佳時機。

與雨同行的大樹移植

每一場大樹的移植，總讓人屏息以待。那天一早，當吊車與作業人員陸續就位、準備將這棵壯碩的菩提樹吊離原地時，天空卻突然下起了雨。雨天移植，並非全然不利。空氣中的高濕度能減緩根系乾枯，這對剛經歷斷根的樹木是一種恩惠。然而，雨水同時也可能成為致命的考驗：一旦土球因為雨勢過大而崩解，根系就會被拉扯斷裂。那麼，過去這段時間細心養出的新根便功虧一簣，等於讓樹木帶著裸露傷痕進入全新的環境，生存的機率將大大降低。我仰頭望著吊車緩緩將菩提樹高高舉起，那一刻，內心莫名悸動。也許，這樣的景象對大自然而言是違和的——一棵從未離地的大樹，被拉離土地，懸在半空。看著它在風雨中搖晃，我竟有種錯覺，彷彿自己成了那棵樹，也能感受到它的顫抖與不安。它一定是害怕的吧？畢竟，它從未被高吊過，也從未這樣靜靜懸浮於空中，如此無助。與此同時，另一組人員正在預作準備，處理

吊車將要移植的菩提樹高高舉起。

它即將落腳的新家。我們必須在它抵達前完成整地工作，並計算好吊運的角度與方位——這是與時間、空間的精密合作。而當它被緩緩移送過來時，那樹冠在空中旋轉的模樣，就像是一種低語的顫抖，讓我忍不住輕聲對它說話：「再忍耐一下，好嗎？就快好了……你會有一個更好的家，更大的空間，更溫暖的陽光等著你。」

種一棵大樹，絕不是挖個洞、放進去就結束。每棵樹都有自己的「臉」與「背」，也就是所謂的正面與背面。正面即陽面；往往是長期朝向陽光的一側，枝葉茂密、光合作用旺盛；而背面（陰面）則相對稀疏柔弱。若未考慮方向，可能會讓樹木在新環境中無法順利適應。找對角度，讓它再次面向光明，是我們能為它做的第一份照顧。當土球終於穩穩落地、像是「坐」進預留的土穴時，現場的緊張氣氛才總算慢慢緩解。移植後的第一步，便是適當抽枝修葉，減輕根系的負擔。畢竟，新生的細根，還無法立刻供應原有完整枝葉的養分。這是一種平衡。而就在菩提樹「坐下」不久，原本連綿的雨，竟奇蹟般地停了下來。那一刻，我們面面相覷。也許，這不是偶然。也許，這是天候對它的護持。就像是雨神為它洗塵，為它祝禱——在這片新土地上，安身立命，重新扎根。僅僅半個月，菩提樹便在新土裡吐出第一抹嫩芽。象徵它已悄悄開始適應這片土地，也象徵著它即將展開下一段長長的歲月——朝向另一個百年，靜靜而堅定地生長。

找對角度、土球穩穩落地，讓菩提樹成功移植。

菩提樹在新土吐出嫩芽。

13 老樹與歷史建物不可切割

一同記錄歷史的老樹危機

近年來，隨著都市開發急遽擴張，不論是移除還是移植，都市裡的老樹正一棵棵地減少。而民眾對於樹木保護的意識也逐漸抬頭，越來越多人開始關心身邊的綠意與老樹的命運。

那一天，不知是哪陣風起雲湧，接連收到好幾封民眾來信。一封來自北投的居民，字裡行間滿是焦急：「老師，我是土生土長的北投人。最近聽說溫泉博物館前那棵老榕樹要被砍了。我每天經過它，看起來明明健康，為什麼要砍？我真的無法接受……」他說，他曾向相關單位反應，得到的回應只是淡淡一句：「會請專家評估處理。」那樣一句話，像石子落進深潭，聽起來平靜，卻讓人心裡更加沉重無力——難道，這就是它的結局了嗎？另一封信中，寫信者提到他已經尋求議員協助，希望有人能為這棵老樹發聲。這些聲音，不激烈，卻扎實有力，一句一句，悄悄地湧進我心裡。

不久後，景觀系幾位老師也與我聯繫。他們關心的，不只是那棵樹的去留，更是在地文化與歷史建築間，那一段不言而喻、卻又緊密交織的情感。他們曾在會議上語氣激昂：「這棵榕樹不只是綠意，它是歷史的一部分！沒有了它，博物館的輪廓都會失去生命力。」是啊，樹會腐朽，但是否不能治療？不能守住它最後的尊嚴？然而，在台灣多雨多颱的氣候下，也的確只要一場意外，就可能讓一棵老樹倒下，甚至波及百年建築的結構與安全。在我看來；立場不同，觀點也各異，而在保存與風險之間取得平衡，始終是最艱難的抉擇。

我靜靜聽著老師們的訴說，腦中浮現那些來信裡的話語與情緒。我說：「其實我平常很少參與這類公部門的爭議案件，一方面覺得自己能做的不多，另一方面，很多時候也已分身乏術……」景觀系的老師卻誠懇地說：「詹老師，我們不是樹木專家，只能從景觀的角度呼籲保護，但這棵老樹，真的需要您發聲。難道您能接受這樹就冤枉的被砍伐了嗎？」這些話語，無形中深深刺痛我的內心。

一天剛好到北投開會，從山上走下來，經過博物館前的那棵大樹。助理指著前方，輕聲說：「老師，就是那棵榕樹，最近鬧得沸沸揚揚……聽說因為樹幹腐朽，擔心會危及溫泉博物館，才決定要砍了它。」我走向它，靜靜地看著。站在它的身邊，我伸出手，輕輕拍了拍粗

即將遭遇砍伐命運的老樹。

大的樹幹，心中默念：「你這麼健康，這麼挺拔，到底是哪裡出了問題，竟讓人判你死刑？」就在那時，我的視線落在樹幹上一個突起處——一枚子實體，就長在最顯眼的位置上。我心頭一沉，蹲下身來，仔細觀察它的顏色、形狀與腐朽範圍，彷彿替這棵老榕做了一場緊急的健康檢查。我望著那子實體，忍不住輕聲嘆笑，像對著老友說話：「你啊，怎麼偏偏長在這麼醒目的地方……這顆子實體，會成為你被

老樹上腐朽的一枚子實體。

判刑的證據。你……真的不想再活下去了嗎？」我輕聲對著老榕樹呢喃，語氣中藏著無奈與不捨。說完這句話，我轉過身，聲音也低了些：「把工具拿來，我們先處理這顆子實體，把這個位置記錄下來，之後好追蹤比對。」話音剛落，助理便動作迅速地取來工具，開始小心翼翼地敲除這顆悄然侵蝕樹體的子實體。

老樹命運的轉機

這場風波，彷彿沒有止息的跡象。某一天，管理單位來電，正式邀請我擔任專家委員，前往現場會勘、評估老榕的狀況。幾乎同時，半年前才婉拒的 Discovery 頻道導演再次聯繫，誠摯邀請我參與關於「陶朱隱園」的拍攝。這本是一場關於建築美學與自然對話的記錄，而我已卸下顧問之職，原以為不宜再過問。但導演真摯的語氣與初心，讓我無法輕易拒絕。我心裡思忖，既然這次要北上勘查老榕，何不也邀請他們一同前來，看看這棵正在風口浪尖的老樹，也許，他們的鏡頭可以記錄下更多值得深思的片刻。

那一天，我站在北投的陽光下，走進熟悉的老榕旁。在會勘開始前，我先與管理單位溝通保留的可能性。我語氣平緩，心卻沉甸甸的。只是，立場不同，想法難免分歧。誠如會中說法：「與其夜長夢多，不如乾脆伐除，一了百了。」這樣的立場或許看似理性，卻也令人心寒。是的，伐掉一棵樹很簡單，但問題是——之後呢？我們要用哪一棵樹，來取代這塊位置？還是乾脆就不再補植？這種「砍掉就好」的處理方式，或許在數字報表中乾淨俐落，卻無法回應這棵老榕與土地之間幾十年的情感連結。這也正是景觀系老師們所深切憂心的。他們不是只在乎一棵樹的生與死，而是在乎整體景觀與文化脈絡的完整。這棵樹，不只是綠蔭，更是地景中的記憶軸線。一旦拔除，就像拼圖少了一角，整體的美感與靈魂，也一併崩塌。

當我們一抵達現場，導演與攝影團隊早已就位，靜靜等候那個注定被記錄的瞬間。我開口對眾人說明：「這一次，我們無論是決定保留，或是不得不移除，都應該替這棵榕樹留下一段記錄。」那時候，場面非常特殊。一邊是鏡頭忙著捕捉老樹的身影，一邊是工作人員開挖、調查的聲響穿梭其中。所有人的目光，全都集中在這棵佇立多年的榕樹上，它彷彿早已知道自己的命運正被審視，卻依舊沉靜。我走上前，仔細查看它的根系——就在那斜坡邊緣，它努力抓住土壤，向下延伸，與一旁的歷史建築保留著一段微妙而克制的距離。彷彿它也深知自己的存在不可太過張揚，只願與人共處，不願為難。我敲擊樹幹，每一下回音在空氣中流轉，那是樹木對我訴說內裡狀況的方式。透過聲音的回響，我察覺：它內部雖有腐朽，卻遠比我們原先想像來得輕微。於是我輕聲對眾人說道：「如果這棵榕樹是位長者，這顆子實體——就像是一顆蛀牙，難道我們因此就要判它死刑嗎？」我的語氣誠懇，語速緩慢。「其實，它還很好，結構穩定，健康的部分遠大於問題處。我們只要進行些微的醫療處置，它還可以再活至少半個世紀。」

這時，原本立場堅定、主張伐除的管理單位人員，也不禁開始動搖。他們靜靜聽著，不再那麼確定是否要一刀了結。他們的眼神中，多了一分柔軟，也多了一些疑問——或許，我們真的可以換一種角度來對待這棵老樹。那一刻的猶豫，成為轉折。而這場會勘的過程，剛好被 Discovery 頻道完整地拍攝記錄下來。像是一場命運的安排，在無數人的見證下，這棵原本已被宣判的老榕，獲得了短暫的寬容與生機。這不只是對一棵老樹的尊重，更是一場土地與記憶的對話，一段歷史的見證。老榕，暫時免於一死，也許，從此開始它的新生命故事。

植栽空間與共生

不久後，管理單位重新評估伐除的必要性，態度悄然轉變。從「非砍不可」的堅決立場，逐漸轉為「或許還有轉圜」的可能。他們表示希望我能協助進行後續的治療與照護。就這樣，老榕樹的命運，在命懸一線之際迎來逆轉，它仍有機會，繼續留在這片土地上，繼續呼吸。

然而，要真正為它療傷，並非易事。首先，我們必須更深入了解它腐朽的狀況。在調閱過去的腐朽檢測資料後，我們實地比對。出人意料的是——報告所指出的腐朽位置，竟與現場

腐朽位置處於不易抵達的深處節點。

子實體的生長點並不一致。腐朽發生的其實是另一側的枝條，並非樹幹主體。若非我們重新檢視，這棵老榕，恐怕早已因一紙誤診而告別人間。我們小心翼翼地開始清除腐朽組織，逐層清創、消毒。然而，腐朽的位置恰好坐落在交叉生長的節點處，深陷而不易抵達。這場外科手術格外棘手，為了一個傷口，我們整整花了兩天的時間。但這只是開始。更大的挑戰，是整體環境的壓迫。榕樹對街，是一棵高大的老茄冬，長年未曾修剪。為了追逐日照，它的樹冠已大幅向馬路傾斜，甚至向老榕的方向無情伸展。茄冬的枝幹粗大而密集，不只壓縮了老榕的生長空間，也使整個空間顯得陰暗、潮濕。榕樹的樹冠因此光照不足，多數枝條病弱枯萎，生長困頓。更令人憂心的是，茄冬部分粗枝早已枯損、斷裂，對道路安全構成潛在風險。在與管理單位討論後，我們決定採取全面整頓策略，除了縮小榕樹的樹形以減少對歷史建築的壓迫，也需對茄冬進行剪裁，還給整個空間一個平衡的呼吸。

這一清晨，吊車與修剪器材陸續進駐現場。圍觀的民眾越聚越多。有人情緒激動地質問：「你們要砍它嗎？它做錯了什麼？它明明好好的啊！」我們不斷地解釋：「不是砍，是為了讓它活得更好。」但我們也理解，那份擔心與不安，其實來自他們對這棵老榕的深厚情感。剪枝正式開始時，我卻先走向對街的茄冬。管理單位人員疑惑地問我：「老師，不是要處理老榕嗎？怎麼先動了茄冬？」我笑了笑，指著整個空間說：「這裡的問題，不只是老榕。整個環境早已被過度生長的茄冬所壓縮，空氣不流通，光線進不來，不只榕樹，我們人也被壓得喘不

長年未修剪、壓縮榕樹生長空間的老茄冬。

過氣來。」不再多言，我開始逐枝判斷，一刀刀剪下多餘與枯損的枝幹。就在茄冬被修剪之後，陽光灑了進來，空氣也開始流動起來。那一刻，我彷彿聽見整棵榕樹鬆了一口氣。

這些年，我見過太多大樹在都市裡孤軍奮戰。有限的空間裡，地上為了陽光，地下為了水分與空氣，它們彼此競爭、交纏，枝幹重疊，根系穿越水泥。日照不均、通風不良，再加上人為忽視，樹體逐漸退化、腐朽、斷裂。**都市裡的大樹，如果沒有人為它們「修身養性」，最終可能不是自然老去，而是在人們的不耐與誤解中被迫告別**。比起救一棵榕樹，整治這片環境更為迫切。當茄冬的枝葉疏減、枯枝清理後，這片空間像被陽光重新洗過一樣。不只是通風與光照改善了，整體景觀也煥然一新。人走在其間，不再覺得壓迫與沉重，而是輕盈與舒適。樹舒服了，人也自然放鬆了。我們繼續調整榕樹與茄冬之間的距離，確保枝幹不再交錯壓迫。當整體修剪完成後，陽光灑落，空氣流轉，連原本對修剪抱持疑慮的民眾，也驚訝於改變的明亮與清爽。曾經那棵被宣判伐除的老榕，經過細心修剪，如今枝形優雅、氣勢恢復。它終於可以繼續陪伴這片歷史土地，不再活在陰影裡，而是真正地「與人共生」。

半年後，我們再次回到那棵曾接受外科治療的老榕樹前。心中既緊張，又帶著一絲期待。那曾是我們一刀一刀清創的傷口，如今會變成什麼模樣呢？走近一看，眼前的景象讓人不禁屏住呼吸——那當初不得不切開、清除腐朽的枝幹，如今竟奇蹟般地長出了一道氣根。那一刻，心裡湧上一股難以言喻的感動。彷彿這棵老榕正在對我們輕聲說：「謝謝你幫我清理腐壞

整體修剪完，調整榕樹與茄冬的距離，空間也變得明亮清爽許多。

的部分，接下來，就由我自己慢慢修復。」這不只是生理上的癒合，更是一種生命的回應——一種堅定的自我修復能力。它用自己的方式，繼續延續生命的韌性。

老榕奇蹟般地長出了新的氣根。

14 救治樹木與孩童的參與

校園老樹的價值

學校做為都市綠意的一部分，廣植草花與樹木，不僅美化了環境，更讓孩子們在日常中，悄悄感受到四季更迭的細膩變化。在校園中與建築融為一體的樹木，早已不僅是綠化的點綴，而成為這片土地歷史與記憶的一部分。對孩子們來說，這些樹是最貼近的自然，是遊戲與生活的一隅風景；在生活課或自然觀察中，也應該是值得被留意、學習的對象。

在台北市的一所小學中，我收到校長的一封來信。信中提到校園裡有一排特別重要的楓香樹，是早年栽種的老樹，然而因為當時植栽空間狹小，這些樹長得很辛苦，像是永遠長不大的孩子。如今，校方希望能尋求一條解方，讓這些珍貴的老樹能繼續存活下來。當我實地前往勘查時，正值放學時間，孩子們在楓香樹周圍追逐嬉戲，腳步穿梭於綠蔭之間，樹下充滿歡笑聲。校長在一旁輕聲補述：「這些樹已經陪伴我們很多年了，也是無數畢業生與家長共同的記憶。但近年來，它們的狀況逐漸惡化，樹幹破損嚴重，甚至出現白蟻蛀蝕的跡象。」面對這些曾陪伴無數世代的校園老樹，如何讓它們繼續在空間中與孩子們共存，是一道永恆的課題。而接著校長語重心長地說出他的思考：「學校即將整頓操場，如果我們願意調整跑道，稍微縮減一條，那空出的土地是否就能還給這些楓香樹？雖然我們擁有上千位學童，縮小操場跑道絕非一件容易的事！」那一刻，我心頭一震。校長願意為了這些樹調整整體校園規畫，展現出與自然共生的誠意，這讓我打從心底替這些楓香樹感到欣慰。也因為這樣的心意，我更願意投入協助，為校園的樹木找出一條能永續共存的道路。

校園老樹的共生和參與

隨著校園操場整修工程的啟動，校長特別希望透過一場公開講座，向參與的家長與學童們說明整體校園的規畫方向，也希望爭取大家的理解與支持。那一天的講座上，教室裡靜靜坐著一群專注的家長與孩子們。他們耐心聽著我們談論校園的老樹，學習著關於樹木的知識。而當話題談到「共生」時，孩子們的反應讓人動容。他們開始意識到，那一排陪伴他們成長的老

與校長在楓香樹下進行會勘，討論擴大樹穴後的排水問題。

楓香，其實正面臨著許多難題。於是，一隻隻小手舉了起來：

「有一棵楓香樹破了一個大洞，那該怎麼辦？」

「我們常常在那邊玩，踩到樹旁的土，好像都變硬了，它的根是不是不能呼吸？」

「可以幫它換一個大一點的家嗎？」

這些童言童語，聽來純真，卻滿載著對樹木的關心與情感。那一刻，我們深刻感受到，**楓香樹對這些孩子來說，早已不只是校園裡的一棵樹，而是一位默默守護他們的老朋友。**透過這場講座，我們與師生家長之間建立了共識，大家都認為：保護楓香樹，已是刻不容緩。

一年後，校園的操場整建進入了一個新的階段，我與校長再次站在那熟悉的楓香樹下，進行後續的現場會勘。我們討論著擴大樹穴後的排水問題。隨著跑道範圍縮減，水流走向的設計成為關鍵。若排水不良，大雨過後積水滲入根部，將會讓樹根長期泡水，這對楓香來說將是致命的傷害。此外，我們也關注到表層土壤的狀況。若孩子們長期在樹根區活動，導致土壤板結、根系無法呼吸，將會阻礙樹木吸收養分與水分。因此，如何同時兼顧排水與鬆軟的土壤環境，成為這次會勘的重點課題。校長聽完我的說明後，深有同感，並提出了一個充滿教育意義的想法：「是否能讓學童一起參與覆土作業呢？」他認為，儘管擴大了樹木的生長空間，更重要的，是讓孩子們親手接觸那片土地，感受土壤的柔軟與根的呼吸，從而理解樹木需要的不只是空間，還有細緻的照顧。於是，計畫開始展開。從低年級的孩子開始，分班分次地，一起為

低年級同學也和我們一起為老楓香鋪上新土。

那排老楓香鋪上新的土壤。他們捧著土、彎下腰，輕輕鋪平，每一個動作都是學習，也是傳遞愛的方式。在這樣的過程中，孩子們不只是為樹服務，他們也在學會與自然對話，理解生命的重量。這不僅是校園樹木共生的一課，更是生命教育最真實的體現。

兩年後，校園裡那排楓香樹變得更加茂盛、挺拔。枝葉隨風搖曳，綠意濃密如昔，彷彿訴說著歷經修復與呵護後的重生。即便面對強烈的颱風襲擊，它們依然穩穩站立，宛如守護者般，默默守護著這片校園。楓香樹不僅撐過了風雨的考驗，也繼續溫柔地陪伴著每一位在這裡學習、成長的孩子，成為童年記憶中最溫暖的一道風景。

校園綠化的普遍問題

不論是台北市這所小學，或是來自其他縣市的學校，近年來「校園綠化」逐漸成為教育現場的重要課題。校長們在忙碌於課程規畫與學務推動的同時，還需一併肩負起校園綠美化的責任。這份責任沉甸甸，卻也蘊含著對下一代自然教育的期待與使命。不可否認，在台灣許多擁有悠久歷史的小學校園裡，至今仍保存著幾株珍貴的老樹。然而，這些樹木也面臨著前所未有的挑戰與風險。一方面，老樹被列為保護對象後，養護成本隨之提升，尤其隨著樹木健康狀況的變化，所需投入的資源往往超出學校可負擔的範圍，成為沉重負擔。而我們對於老樹的養

帶領學生們一起為照護老樹服務，也是校園樹木共生的一課。

護，多數仍停留在「修剪」這項基本工作，忽略了如定期健檢、病蟲害監測、土壤與根系環境的長期關注與照顧。例如，**近年來校園樹木普遍面臨「褐根病」問題，如癌症般嚴重的傳染病害，正悄悄侵入許多學校**。一旦爆發，便可能一棵接一棵地蔓延，導致校園中珍貴的樹木集體枯死，讓第一線的老師們倍感焦慮與無力。為了防堵病原，許多學校被迫進行大面積土壤消毒，而這類處理不僅成本高昂，更會破壞原有的土壤生態，使微生物與生態鏈一併消失。當面對這樣的選擇，許多老師不禁開始反思：這真的是我們所追求的「與自然共生」嗎？是否還有其他更友善、更可持續的作法，能在避免農藥進入校園的同時，也讓孩子們得以在一個真正健康、安全的環境中成長與學習？然而，現實中許多學校依然仰賴土壤農藥做為主要的處理方式。這樣的作法，不僅讓家長對校園的生態環境產生憂慮，也讓人思考：我們是否已到了該重新檢視校園綠化管理方式的時刻？讓「自然共生」不只是理念，更能真正落實在每一寸與孩子息息相關的土地上。

隨著校園樹木議題漸漸浮上檯面，校長與老師們除了課業上的重擔，也開始積極關注並投入綠化與樹木管理的學習之中。尤其在極端氣候頻發的今日，突如其來的暴雨與強風讓樹木傾倒風險大增，對校園安全造成隱憂。如何讓校園中的每一棵樹，不只是景觀的一部分，更能安全、健康地與師生共生共存，成為當前教育現場必須正視的重要課題。許多老師常會問：「校園到底應該種什麼樣的樹呢？」這個問題看似簡單，卻蘊含著對孩子、對環境、對未來深深的關懷。回顧過去，許多校園常見種植椰子樹、榕樹、鳳凰木、茄冬樹、羊蹄甲、美人樹、木棉、黑板樹、南洋杉等樹種。早期為了快速綠化校園，我們也許較少思考未來的影響，忽略了樹木間應有的間距，也未注意所使用的植栽土壤品質，有時甚至將樹穴包圍在水泥花台中。這些當年的決策，如今逐一浮現出問題，成為校園養護上的難題。其實，校園裡最適合的樹，並不是最昂貴或最高大的樹種，更不是那些帶刺或有毒性的植物。**真正適合孩子們的樹，應該是能讓他們近距離觀察四季更迭、體會生命循環、與自然對話的朋友，是能與他們一同成長、陪伴童年時光的生命**。但現今都市裡的許多學校，卻因為早期種植椰子樹而煩惱不已——椰子樹高大挺拔，卻常有掉落枝葉的風險，成為安全隱憂。又如南洋杉，強健的根系穿破花台與建築結構，對校園設施造成嚴重破壞。這些例子，不斷提醒我們「**適地適木**」的重要性。

所謂「適地適木」，不只是選一棵樹來種，而是先觀察這片土地：**它的日照如何？風是否流通？地上與地下空間是否足夠？與建築物或道路的距離是否安全？**只有在理解環境條件之後，才能選擇真正適合的樹種，讓樹木與校園共存共榮。以近年來蔚為風潮的櫻花為例，許多學校開始試著種植櫻花樹，期待春天滿樹粉白，為孩子們留下難忘印象。然而櫻花偏好充足日照，若被種在高大樹蔭下或建築物邊，缺乏陽光，很快就會生長不良、花開稀少，甚至逐年枯萎死亡，讓原本的美意成了遺憾。又如早期校園常見的黑板樹，雖然綠化快速，卻因未適時修剪，導致其高大體型難以管理，加上根系強健，緊鄰建築時容易破壞基礎設施，造成維護上的重大困擾。

這些經驗都讓我們更加明白：校園種什麼樹，不只是綠美化的選擇，更是教育理念的延伸，是對自然的理解與尊重。如果每一棵校園的樹，都是基於「適地適木」的理念種下，那麼它們將不只是風景，更將成為孩子們學習生命、學習共生的最好老師。這，才是與自然真正共處的開始。

後記——與樹木同理呼吸

在台灣這片土地上，我們深受老天爺的眷顧。四季分明、雨量豐沛，孕育出豐富的自然景觀與森林資源，也造就了無數珍貴的老樹與樹木。這些靜靜佇立在時光中的綠色身影，不僅見證著土地的歷史，更是屬於全民的自然資產，是我們世代應珍惜與守護的寶貴禮物。

過去這些年，我曾在多所大學擔任兼任講師，課堂上不時遇見對「樹木醫」工作充滿憧憬的學生。最讓我驚訝與感動的是，許多主動提問與表達熱情的，竟多為女學生。在那雙雙清澈眼神中，我看到對大自然深深的關懷，也看見一份願意守護生命的真誠。事實上，不論性別，若想成為一位真正的樹木醫，除了需具備基本的專業知識與判斷力，更重要的是一份持續不滅的熱情——對自然的熱愛，對生命的敬重，以及能與樹木「同理呼吸」的心。一棵樹的苦難，若能感同身受，就更能知道如何去幫助它、照護它。然而，僅僅理解是不夠的。樹木醫的工作並不是坐在書桌前指揮作戰，它需要雙腳踏進泥土，需要與老樹共處於風雨之中。現場的每一次勘查、每一個判斷，往往都充滿不可預測性，有時就連精心擬定的救治計畫，也得因應現場狀況即時調整，才能守住一棵老樹的生機。

救樹，從來不是單一的「動作」，而是一場牽涉環境全貌的修復與對話。從枝條的修剪、樹木生理與病蟲害的診斷、菌類學、生態、農藥學、土壤學到外科手術的運用，每一項環節都息息相關，缺一不可。一棵老樹的存活與否，往往牽一髮動全身；救治的不是樹本身，而是它所處的整個生態。因此，樹木醫的工作，是一個全方位的整合技術與經驗體系，更是一場與時間賽跑、與自然對話的長期旅程。唯有心中懷抱著對土地與生命的敬意，才能真正踏上這條不回頭的路，成為守護樹木的力量。

當我真正踏入樹木救治的領域，才深切體會——我們所面對的，不僅僅是病木本身，而是一連串積累已久的問題與課題。台灣的樹木，往往生長不良，不是因為氣候不利，而是因為我們早已遺忘了「如何好好種一棵樹」這最基本的功課。我們對待種樹的態度，太過草率與輕忽。土壤未曾仔細整頓，排水規畫也時常缺漏；好的土壤不捨得給，反倒隨手填上廢棄土，然後又期待樹木能旺盛生長。當樹長得慢了，我們嫌它不夠漂亮；當它枝繁葉茂，我們又抱怨遮擋陽光、影響視線。這些看似矛盾的要求，其實不過是我們從自己的角度出發，試圖「管理」一棵樹，卻忽略了共生的本質。每個人看待樹木的眼光不同，愛與不愛，自然也因人而異。然而，有一件事是無可否認的——我們需要樹木，而不是樹木需要我們。它們自遠古以來便存在於天地之間，不曾要求什麼，卻始終默默為人類遮蔭、淨化空氣、穩固土地、孕育生命。

台灣擁有得天獨厚的氣候，陽光和雨水都不吝給予樹木生命的養分。於是我常想——我們真正欠缺的，或許並不是樹木醫生，而是一群懂土、愛土、願意從基礎做起的植栽專家。若我們願意給一棵樹一方乾淨、鬆軟、富含養分的好土，耐心栽種與照顧，它自會回應我們以茁壯的姿態，不必等到病入膏肓時才匆匆找人來搶救。

最後，所有技術之外，最不可或缺的，是來自大眾對樹木的愛與理解。唯有當保護樹木成為一種共同的信念與行動，我們與樹之間，才能真正走向共生，而非對立。

附錄——醫療人員第一線護樹感思

樹木護士的挑戰——櫻花樹搬家

文／嘉玲

這樣真的可以?!

這個早春的清晨，我與老師一同前往中原大學，展開校園樹木的修剪作業。陽光灑落在枝頭，我們靜靜地為每一棵樹做出合適的修整。就在這時，中原大學的董事長恰巧經過修剪現場，踏著輕快步伐穿行於修剪後煥然一新的林蔭道中，滿懷欣喜地讚嘆道：「修剪讓整個校園都充滿朝氣啊！」說著，他便邀請老師一同前往商學院，巡視校園整體的綠化情況。途中，董事長語重心長地說：「詹老師，今年的畢業生想送給校園一棵大樹做為紀念。您覺得，種什麼樹好呢？」老師沉吟片刻，答道：「現在已是初春，能夠移植的大樹品種有限。若是櫻花樹，也要等到年底的適期才能進行移植。」董事長聞言，眼睛一亮：「櫻花好啊！太棒了，就決定是它了。這件事，就拜託您了！」老師聞言一臉錯愕，只得勉強應下：「那……就等半年後再進行移植吧。」櫻花樹的選定塵埃落定後，我與另一位樹木護士立即展開搜尋，踏遍北部山區，終於尋得一棵健康且姿態優美的櫻花樹。同時，老師也指示我們儘速進行斷根作業，好讓這棵櫻花在半年後具備移植的條件。然而，就在我們按照計畫進行時，老師與董事長再次協商後，突然傳來新的消息——為了讓畢業生能在典禮當天親眼見證這棵紀念櫻花的種下，董事長希望我們能在畢業典禮前完成移植。對我們來說，這無異於一項幾近不可能的任務，甚至是前所未有的挑戰。要在非適期將櫻花樹成功移植，並確保其存活與健康，無論是技術、時機還是人力，都是巨大的考驗。

回想著，在苗圃挑選那棵櫻花樹時，我原以為移植將安排在休眠期，因此心中充滿信心與篤定。畢竟，我們給予了充足的養根時間，一切似乎都在掌控之中。然而，隨著移植時程不斷被提前，我原有的信心開始動搖。質疑的聲音，漸漸在心頭浮現：「這個時候移植……真的可以嗎？」腦海裡反覆響起老師傅的話語：「欸，我從沒看過這時候在移植櫻花欸！」滿樹繁葉、悶熱氣候、時程緊迫——這些都讓我不禁懷疑：我們真的能成功嗎？它會不會發不了根？葉子會不會枯黃脫落？會不會根本無法適應新環境？那些原本理所當然的「相信」，此刻一一化為「萬一」的擔憂。那一天依舊酷熱難耐，我們一早便前往進行土球包裝作業。當鏟開土壤、清出根系的那一瞬，我的心情幾近翻湧。眼前的景象讓我感到難以置信——那是滿滿的細根，無比繁盛、充滿生命力。

「太好了！」我在心中輕喊。原來，它早已用自己的方式準備好了。「撐過接下來的七天吧！」我默默對它說。從未有哪一次，我這麼渴望下一場雨的降臨。那幾日，我心懸著，看著它是否穩穩地扎根於新土。終於，在那一刻，看見它屹立不搖，我的心也跟著落了地。那是難以言喻的喜悅——夾雜著疲憊、成就感與深深的祝福。這不只是一項任務的完成，而是一段從「堅信」，歷經「掙扎」，最終走向「實現」的旅程。我知道，這份喜悅將長久停留在心中，如同這棵樹——充滿韌性與生命力，靜靜地，在校園的一隅生根茁壯。

樹木護士的工作，簡單來說，是一種深度的「陪伴」。在樹木醫生的診斷與判斷下，我們依循計畫，穩健地展開養護工作，一步步陪著樹木走過修復與重生的過程。我們細心觀察樹木的每一點微小變化——從葉色、枝條到樹幹的觸感與根系的回應——每一個徵兆都可能是健康訊號，也可能是警訊。我們的角色，是在第一時間察覺這些細微變化，並於異常發生前及時防範。若樹木出現緊急狀況，就如同再次請醫生把脈診察，而我們便依照指示迅速展開後續處置，進行適當的修復與照護。就這樣，我們跟隨醫生的腳步，陪伴著樹木，一步一腳印，朝向健全而穩定的方向發展。這段歷程，蘊含著無數關注與細節，也充滿著生命力的流動。每一次新芽的萌發、傷口的癒合、樹勢的回升，對我們而言，都是莫大的喜悅與成就。

樹木護士，不只是養護者，更是與樹木一同呼吸、同在的陪行者。

一場颱風，自樹木感受大家的愛

文／翁志潔

在樹木相關的工作中，最令人擔憂的，莫過於颱風來襲。尤其近年因氣候暖化，極端天氣頻繁異常，對樹木健康與結構產生越來越多風險。就在不久前，一場颱風侵襲，造成雲嘉南地區大量樹木與電線桿倒塌，災情十分嚴重。

就在此時，我收到一位來自雲林古坑麻園的友人來電，語氣急切地說：「村子裡那棵近百年的大樹倒了……」聽聞消息，我立刻抽身前往。當站在倒伏在地的百年榕樹前，一種說不出的震撼與心痛湧上心頭。這棵老榕樹，滿是歲月刻劃的痕跡，是鄉里共同的記憶與依靠。

儘管颱風已過，勘查當日仍下著滂沱大雨。我走近樹身，輕拍著粗壯的樹幹，輕聲向榕樹公低語：「請您等等我，我們一定會把您扶起來。」這不是一句安慰，而是一份承諾。

消息傳開後，村民們紛紛趕來。他們沒有人哀嘆，也沒有人推託，反而一個接一個說：

「我們不能讓它就這樣倒下。」於是，一場守護老樹的行動自然而然地展開了。會議中，村民、樹木醫師、志工們齊聚一堂，共同思索該如何修復，如何保全。我看到的，不只是急迫，更是深深的情義，那是對一棵老樹、也是對故鄉的愛。

一週後，救援行動正式展開。在樹木醫師的指導下，首先挖除積水黏土，改以透氣良好的新土填補，並進行細緻修剪，盡可能保留原有的樹型。同時於易傾斜處設置支撐架，強化穩定性。這過程並不輕鬆。地盤鬆動、根系撕裂，即使用吊車也難以穩定落點。我們從清晨忙到黃昏，汗水與泥水交織，大家咬緊牙根，只為了讓這棵老朋友重新挺起身子。期間，我們到一旁的西營將軍廟焚香祈願，向神明敬告，也向榕樹公輕聲說：「您也一定要撐住。」

終於，黃昏時分，老樹慢慢立了起來。那一刻，沒有人說話，但每個人的眼神都泛著淚光。那不是一場單純的救援，那是一場與時間賽跑、與回憶緊緊相連的深情守護。

最讓我感動的，不是我們完成了多麼困難的工程，而是大家對這棵老樹，像對待親人一樣的深情。沒有人說「換一棵吧」，也沒有人說「這太麻煩」，有的只是：「我們一起來救它。」

這棵樹，是神的樹，默默陪伴幾代人。颱風雖將它擊倒，但村民用愛，將它重新撐起。那份情，那份願意守護的心意，比風更強，比雨更深。這次，我們救起的不只是榕樹，還救回了一段鄉土的根、一份土地的情。當風吹再起，它會再次隨風搖曳，但我們知道，它站得更穩，因為有這麼多人在它身後，深愛著它，守著它，不離不棄。

面對衰弱樹木的反思

文／陳順益

當我們這群樹木醫護人員第一時間抵達現場，看見這棵火焰木時，它的上方枝條已有大部分被截斷，且持續出現乾枯情形。然而，它仍不放棄生命，在下方努力冒出數個小芽，展現出強烈的求生意志。我們仔細檢視每一處錯誤的修剪位置，心中感到非常惋惜。這些錯誤的修剪導致切口無法順利癒合，未來恐將引發感染、腐朽，進一步傷害整棵樹。簡單來說，這與人類處理傷口的概念十分相似——若未妥善處理，傷口也會惡化。

我們不只調查樹木本身的狀況，連同周邊的環境也必須一併評估。在這次的調查中發現，火焰木鄰近河堤，加上土壤排水不良，使得植栽基盤長期處於潮濕狀態，根系無法順利呼吸與生長，最終導致根系健康受損，也讓樹幹開始腐朽，難以癒合傷口。其實從移植前的斷根處理、移植時機，到移植後的養護管理，這些環節都會深刻影響樹木的存活率。

雖然前期作業有不少疏忽，但在後續的救治中，我們也盡力彌補：更換適合的土壤、重新修剪傷口、進行必要的外科處置，這些都成為挽救這棵火焰木的重要關鍵。

救治與反思

面對過去因移植不當造成的問題，當展開後續救治時，最重要的是選擇合適的季節，並採取分階段進行的方式。任意更換土壤或過度擾動根系，會給樹木帶來極大的壓力與傷害，因此應避免在酷熱氣候下施工，選擇氣候較為涼爽的時節，才能降低對樹體的影響，維持其整體健全性。此時的開挖作業就如同替樹木動一次手術，分秒必爭，每一個步驟都需謹慎小心。過程中不僅要隨時掌握樹體狀態，還要同步遮陽、補充根系水分，同時避免造成二次傷害。而當樹體出現腐朽，就像人的皮膚潰爛一樣，必須先清創，再使用適當的敷料填補，目的在於幫助傷口順利癒合。常見的錯誤修剪位置，不僅會延緩癒合，更可能成為病菌與微生物入侵的破口，導致傷口擴大、腐朽惡化。

每一次的樹木救治，多半都是因為人為的錯誤處置，造成樹木承受過多壓力甚至逐漸枯損。因此，從種植到後續養護，每一個環節都至關重要。對我們來說，唯有真正理解樹木、掌握其生理特性，並具備充分的專業知識，才能為它們提供最合適、最有利的照顧與保護。

與樹木的認識中找到平靜

文／江昱璋

往常的路線，依舊是走在系館前往圖書館的途中。那是大二下期中考後一週的週三，圖書館秀德廳門口貼著一幅引人入勝的海報，標題赫然寫著：「自我改革與挑戰——日本樹木醫詹鳳春」。那時正值校園八大榕樹拆除圍籬後的幾個月，商學院門口還沒有如今的櫻花樹……我怎麼也沒料到，僅僅一場兩小時的演講，竟帶我闖入一個充滿堅韌與樹木智慧的世界，成為我逐漸敞開心扉、陽光開朗的契機。樹木，明明如此貼近我們的生活，誰又能逃過它們的目光？一天之中，誰不是至少經過一棵樹？卻從未用心留意過這些美麗且靜默的大型生物。

那場演講，讓我認識了一位女樹木醫，以及她經歷的每一段歷程、如何決心遠赴日本學習樹木的動人故事。講座結束時，董事長當場邀請詹老師到學校任教，這對我而言，是人生的一個重大轉捩點。也因此，我才有機會學習「適地適木與共生」的知識，學習樹木們生存的智慧。時隔兩年後，我也有幸親自向張光正董事長致謝，內心充滿感激。

詹老師的「適地適木與共生」課程，除了淺顯易懂的室內簡報，更著重於室外實作。印象最深的是我們來到校園八大榕樹下，撥開表層的土壤，尋找「毛根（白根）」。對老師來說，這如同回診，毛根的生長代表樹木已適應新環境，見識到六十餘歲的榕樹們，展現出頑強的生存意志。後來我們進行校園樹木認識，親手撿拾葉片，寫下對於葉子、樹勢、樹型、樹皮的主觀感受，藉由觀察外觀嘗試判斷樹木健康。真希望這樣的課程能出現在國小時代，讓孩子們帶著好奇心蒐集樹種，走遍校園。更沒想到自己也能參與校園貢獻——是否有人在課堂裡曾為校園樹林進行梳理？幸運地，在詹老師與樹護士的帶領下，我和同學們一起替圖書館後方的樹林進行伐除。有人或許會質疑：砍樹難道不是扼殺生命？其實，在實際參與之前，我也遲疑過。但親手伐除了那些因日照不足而孱弱的樹木、因間距過近而畸形歪斜的樹木、或是不適合該地土壤與日照時常的樹木，才深刻體會——適度的「斷捨離」也是救樹的關鍵。若一味留住所有樹木，最終反而導致樹林整體生病，那只是單方面的憐憫，並非長久之計。後來，那片樹林因適合的樹種、適當的間距與生長條件，蛻變為校園中美麗的一隅之一。記得參加畢業校園巡禮時，看見每個轉角都有著親手種下或救治過的樹木花草，即便無人知曉，卻都是我走過踏過的小故事集。

我在老師身上學到最多的，莫過於「修剪」的方法與道理。修剪不僅能美化樹木外型（就像我們修整髮型），更能促進樹木「回春」，新陳代謝旺盛、發芽發根，甚至能引導生長方向與姿態。有一次老師說，看見未修剪的雜亂樹木，就像人披頭散髮一樣。老師在《醫樹的人》一書中描述盲人聾啞學校的櫻花樹，談論樹木同樣能療癒人心。修剪不僅益於樹木，我亦在其中得到療癒。家門口那棵不到十年的桂花樹，過去因缺乏照顧而傾斜、葉量稀少、樹皮暗沉且患先枯病。這些症狀，都是在遇見老師後才辨認出來。一年半前的冬天，我拿起修剪刀與小鏟子，替它改良土壤並修剪枝條。彷彿桂花樹感受到我的用心，隔年竟長出茂密華麗的葉片，開了近半年的桂花，為家門口帶來全新氣象。修剪時常需考量——是讓樹長高還是長胖？枯枝是否該去除以免影響養分與水分傳輸？傷口要上藥膏？弱勢枝條該如何取捨？每當專注於修剪枝條之際，彷彿進入心流，心中只想著樹木修剪後會如何美麗，期待下一個花季的盛開。

樹木總能適應生長的環境——水分不足就拚命發根、過多則長葉以蒸散、需要更多陽光則伸展枝條，竭力成長。老師透過樹木的適應力，教導我們在人生不同階段，也要像樹木移植到新環境那樣努力發根、適應，終有一日能再次綻放。正如我進修研究所，離開熟悉的大學來到新城市新學校，也正努力適應、堅持向前，期待自己如樹般茁壯，終會開花結果。

最後一堂課，老師帶著我們校園巡禮，看見八大榕樹表層的土壤已經出現共生菌，老師臉上的笑容滿溢，連我在旁都被她的喜悅感染。那份真誠為樹木欣喜的心情，讓人無比感動。

老師曾說過：就算摔了一跤，第一件事也是在地上哈哈大笑——這樣的樂觀，實在令人敬佩。曾深受重度焦慮與輕度憂鬱困擾的我，因為遇見老師，從老師的視野看到樹木的生命力與適應力，自己也變得開朗許多。救樹不只是救樹，更能認識人群、感受土地情懷、聆聽樹與大地的故事，閱歷社區歷史。校園商學院前的小土丘，那年還沒有櫻花樹，也是兩年前的事——在我畢業的這一年，董事長與商學院決定種下櫻花樹，做為畢業生的禮物。我有幸跟隨老師團隊，為畢業生種下這份祝福與傳承的精神。

老師時常提醒我們，救一棵樹，絕不僅僅是恢復它的健康這麼簡單。每一棵樹的重生，都是與土地、人文、歷史與天地靈氣的深刻連結。當一棵樹因修護而重新昂然挺立，這份改變會如漣漪般影響周遭的人，滋養著學子的心靈，牽動著社區的記憶，也為未來的百年、千年留下永續的生命線。那是溫柔的祝福，也是堅韌的承諾——在枝葉搖曳間，傳承著土地的故事與人心的希望。走過四季的校園，曾經傾聽過樹木低語的我，深知那一抹綠意背後，有多少無聲的守護與奉獻。如今，每當佇足樹下仰望天光，心中都充滿感謝——感謝曾經遇見願意為土地付出的詹老師，感謝自己曾用雙手參與一片綠蔭的誕生。願我們都能成為那無聲守望的園丁，不僅為樹木帶來新生，更讓土地與人心，在歲月流轉中，始終綻放溫柔與堅韌的光芒。

國家圖書館出版品預行編目（CIP）資料

聽見老樹的呼救：從阿里山吉野櫻、柳營老榕樹到草屯鳳凰木......橫跨全台的「搶救老樹」紀實,走進傷病現場,重啟人與自然的生命對話/詹鳳春著. -- 初版. -- 臺北市：麥田出版, 城邦文化事業股份有限公司出版：英屬蓋曼群島商家庭傳媒股份有限公司城邦分公司發行, 2025.09
面；　公分. -- (人文；44)
ISBN 978-626-310-947-6(平裝)

1. CST: 樹木　2. CST: 樹木病蟲害　3. CST: 自然保育

436.1111　　114009598

人文44

聽見老樹的呼救

從阿里山吉野櫻、柳營老榕樹到草屯鳳凰木……
橫跨全台的「搶救老樹」紀實，走進傷病現場，重啟人與自然的生命對話

作　　者　詹鳳春
責任編輯　林秀梅　張桓瑋

版　　權　吳玲緯　楊　靜
行　　銷　闕志勳　吳宇軒　余一霞
業　　務　李再星　李振東　陳美燕
麥一總編輯　林秀梅
總 經 理　巫維珍
編輯總監　劉麗真
事業群總經理　謝至平
發 行 人　何飛鵬

出　　版　麥田出版
城邦文化事業股份有限公司
台北市南港區昆陽街16號4樓
電話：886-2-25007696　傳真：886-2-2500-1951
發　　行　英屬蓋曼群島商家庭傳媒股份有限公司城邦分公司
台北市南港區昆陽街16號8樓
客服專線：02-25007718；25007719
24小時傳真專線：02-25001990；25001991
服務時間：週一至週五上午09:30-12:00；下午13:30-17:00
劃撥帳號：19863813 戶名：書虫股份有限公司
讀者服務信箱：service@readingclub.com.tw
城邦網址：http://www.cite.com.tw
麥田部落格：http://ryefield.pixnet.net/blog
麥田出版Facebook：https://www.facebook.com/RyeField.Cite/

香港發行所　城邦（香港）出版集團有限公司
香港九龍九龍城土瓜灣道86號順聯工業大廈6樓A室
電話：852-25086231　傳真：852-25789337
電子信箱：hkcite@biznetvigator.com
馬新發行所　城邦（馬新）出版集團
Cite（M）Sdn. Bhd.（458372U）
41, Jalan Radin Anum, Bandar Baru Seri Petaling,
57000 Kuala Lumpur, Malaysia.
電話：+6(03)-90563833　傳真：+6(03)-90576622
電子信箱：services@cite.my

封面、內文版型　江孟達
內文排版　宸遠彩藝工作室
印　　刷　沐春創意行銷有限公司
初版一刷　2025年9月

定價／520元
ISBN：978-626-310-947-6（平裝）、978-626-310-948-3（EPUB）

城邦讀書花園
www.cite.com.tw